U0155544

中国茶入门图鉴

从喝茶到懂茶的中国茶文化手册

张中华　编著

江苏凤凰科学技术出版社·南京

图书在版编目（CIP）数据

中国茶入门图鉴：从喝茶到懂茶的中国茶文化手册 /
张中华编著. -- 南京：江苏凤凰科学技术出版社，
2022.2（2024.9 重印）
ISBN 978-7-5713-1794-2

Ⅰ.①中… Ⅱ.①张… Ⅲ.①茶文化 – 中国 – 图解
Ⅳ.①TS971.21-64

中国版本图书馆 CIP 数据核字 (2021) 第 014957 号

中国茶入门图鉴　　从喝茶到懂茶的中国茶文化手册

编　　　著	张中华
责 任 编 辑	倪　敏
责 任 设 计	蒋佳佳
责 任 校 对	仲　敏
责 任 监 制	方　晨

出 版 发 行	江苏凤凰科学技术出版社
出版社地址	南京市湖南路 1 号 A 楼，邮编：210009
出版社网址	http://www.pspress.cn
印　　　刷	天津睿和印艺科技有限公司

开　　　本	718 mm×1 000 mm　1/16
印　　　张	13
插　　　页	1
字　　　数	320 000
版　　　次	2022 年 2 月第 1 版
印　　　次	2024 年 9 月第 3 次印刷

标 准 书 号	ISBN 978-7-5713-1794-2
定　　　价	45.00 元

图书如有印装质量问题，可随时向我社印务部调换。

前言

这一杯茶，源远流长

据传，中华民族与茶结缘于神农氏时代，距今近 5 000 年了。中华民族的茶文化源远流长，博大精深。这"神奇的东方树叶"，不仅滋养了我们的身体，更培育出底蕴深厚的中华文明。

中国是茶的故乡，中国茶历史悠久、种类繁多。对刚开始接触茶的人来说，面对琳琅满目、形态各异的茶叶，不免眼花缭乱、无所适从。为了让更多的人认识和了解中国茶，也为了弘扬中国茶文化，我们精心策划了这本书。

本书涵盖了中国茶的各种门类，将茶分为绿茶、红茶、黑茶、黄茶、白茶、乌龙茶六大类以及民众喜爱的花茶、紧压茶、养生养颜茶等共九类，并将花茶、紧压茶合为一章，全书因此分为八章。每章对茶的性状、功效、挑选储藏、制作工序、茶疗养生、妙用保健、茶点茶膳、鉴茶、泡茶、品茶等用文字辅以图解的方式做了介绍，让您更清晰地了解茶及与茶有关的文化。

绿茶是我国的主要茶类，西湖龙井、洞庭碧螺春等绿茶深受海内外人士的喜爱。绿茶为不发酵茶，保留了鲜叶中较多的天然物质，富含茶多酚、维生素等，具有"清汤绿叶，滋味收敛性强"的特性。研究表明，绿茶有防衰老、杀菌消炎等保健功效。

红茶起源于中国，著名红茶有祁门红茶、正山小种等，外销多个国家和地区。红茶经发酵烘制而成，茶多酚的含量较少，对胃刺激性小，具有"红汤、红叶"和"香甜味醇"的特性。红茶具有提神消疲、养胃护胃等功效，常饮加了牛奶的红茶可以保护胃黏膜，从而有助于胃健康。

黑茶是我国特有的茶类，也是紧压茶的主要原料，主要有湖南黑茶、湖北黑茶、老青茶等。黑茶为后发酵茶，富含维生素、矿物质、蛋白质等多种营养成分，可以补充膳食营养、帮助消化。西北居民常饮此茶，有"宁可三日无食，不可一日无茶"之说。

黄茶是我国的特产，源自炒青绿茶，名茶有君山银针、蒙顶黄芽、霍山黄芽等。黄茶属沤茶，有"黄叶黄汤"的特质。黄茶在沤的过程中，产生的消化酶有益于脾胃，常饮黄茶，对改善消化不良、食欲不振、肥胖等均有较好的效果。

白茶为福建特产，是我国茶类中的特殊珍品，有白毫银针、新工艺白茶、白牡丹等名茶。白茶属轻微发酵茶，成品茶多为芽头，满披白毫，如银似雪，具有防癌、抗癌、防暑、解毒等保健功效。

乌龙茶起源于福建，有武夷岩茶、台湾乌龙茶等名贵茶。乌龙茶属半发酵茶，综合了绿茶和红茶的制法，有"绿叶红镶边"的特性。乌龙茶能够分解脂肪，具有美颜、瘦身的良好功效，在日本有"美容茶"的美誉。

花茶是使茶叶吸附鲜花的香气而制成的，拥有特殊的茶香兼花香，深受女性的喜爱。医学证明，常饮花茶有淡斑、排毒养颜等功效，所以花茶是很多爱美女性的"宠儿"。

紧压茶是以黑毛茶、老青茶等为原料加工制成的砖形或其他形状的茶叶。其防潮性好，便于运输和储藏，适合减脂者饮用，在少数民族地区饮用者较多。

花草养生茶是用玫瑰花等原生态植物合理搭配而成的，具有排毒养颜、安神助眠等功效。营养学家认为，常坐办公室的白领女性，适当喝花草茶可以美容养颜、调节免疫力。

本书在注重实用的基础上，由浅入深、图文并茂地为读者介绍了尽可能丰富的茶知识和茶文化，适合各类爱茶人士品鉴，尤其适合想全面了解茶知识与茶文化的读者。与市面上同类书相比，本书具有如下特点：

首先，本书囊括了中国六大茶类及其常见附属茶，种类齐全、内容详尽。

其次，本书汇集了营养学家及医学研究推荐的近百种相关养生茶疗方、健康茶膳等，内容丰富、图解清晰，可操作性强，让您一学就会，速查速用。

再次，在结构及版式设计上，严谨而不失时尚，独特的分步图解设计风格及牵线解读，让读者于轻松阅读中收获健康。

最后，本书精选了百余张精美茶图，与文字知识相得益彰，增强了本书的趣味性、可读性和新颖性。

本书是一本集知识性、科学性、实用性、趣味性于一体的"茶百科全书"，是茶入门者的首选教科书，是茶爱好者的锦囊宝典，也是家庭不可或缺的典藏书。真诚希望本书能成为您识茶、鉴茶、品茶、论茶的良师益友，为您的优质生活增添品位与幸福。

目录

第一章

最爱那抹鲜绿色：绿茶

第六章
健康减脂"美容茶"：乌龙茶

第七章
馨香宜人&醇厚便携：花茶、紧压茶

第八章
养生养颜自制茶

阅读导航

我们为本书特别增设了阅读导航这一单元，对内文各个部分的功能、特点等做了逐一说明，方便您阅读的同时，还可以大大提高阅读效率。

茶之简介
总述茶的特点，对其进行全面解读。

茶的名称
阅读时方便又清晰。

黄山毛峰

护齿健齿 强心解痉

黄山毛峰是中国历史名茶之一，产于安徽黄山。其色、香、味、形俱佳，风味独特。黄山毛峰特级茶，在清明至谷雨前采制，以一芽一叶初展为标准，当地称"麻雀嘴稍开"。鲜叶采回后即摊开，并进行拣制，去除老、茎、杂。毛峰以晴天采制的品质为佳，并要当天杀青、烘焙，将鲜叶制成毛茶（现采现制），然后妥善保存。黄山毛峰1955年被中国茶叶公司评为全国"十大名茶"，1986年被中国外交部定为"礼品茶"。

性状
叶底嫩黄肥壮，匀亮成朵。

汤色
清澈明亮。

品鉴指数 ★★★★★

茶之小档案
介绍茶的口味、功效等，茶之特征一目了然。

口味
鲜浓醇厚，回味甘甜。

适宜人群
一般人群都可饮用，特殊禁忌者除外。

主要功效
护齿，强心解痉，利尿。

性状特点
外形细嫩扁曲，多毫有峰。

挑选储藏
教您选优茶、储好茶。

挑选储藏

特级黄山毛峰形似雀舌，白毫显露，色似象牙，鱼叶金黄。其中"鱼叶金黄"和"色似象牙"是特级黄山毛峰外观上区别于其他毛峰的两大显著特征。储藏时要保持干燥、密封、避光、低温。

制茶工序

黄山毛峰的制作分为采摘、杀青、揉捻、干燥烘焙4道工序。采摘即清明、谷雨前后开采50%的茶芽，每隔2~3天巡回采摘一次，至立夏结束。杀青需用平锅手工操作，要求每锅投叶250~500g，温度为150~180℃，使茶叶充分接触锅面并受热均匀。杀青后的茶叶在揉匾上稍加揉搓，边揉边抖，以保证芽叶完整。

烘焙分两个步骤：
❶ 毛火（子烘），要求温度在90~95℃，烘焙时间在30~40分钟。
❷ 足火（老火），要求温度在65~70℃，时间为15~20分钟。

38

制茶工序
介绍制茶工序，了解成茶过程。

🔲 茶之传说

相传明朝知县熊开元游黄山时迷了路，偶遇和尚，和尚留他于寺中过夜。后和尚为其冲茶时，杯中有白莲升起，满室清香。熊大为好奇，和尚介绍此茶名为黄山毛峰。临别，和尚赠其一包黄山毛峰和一葫芦黄山泉水，并嘱咐用此水泡此茶，才能现白莲奇景。熊为好友演示，奇景再现。友为邀功，演示给皇帝看，因没有黄山泉水，奇景未现。皇帝大怒，熊受牵连，不得不再上黄山讨泉水为皇帝演示；皇帝见白莲奇景，悦并加封熊。但熊决然辞官并于黄山出家。

💚 茶疗养生

梅子绿茶

【材料】黄山毛峰5g，青梅1颗，青梅汁1匙，冰糖1大匙。
【做法】冰糖加水煮化，趁水沸再加入黄山毛峰浸泡5分钟；滤出茶汁，加入青梅及青梅汁拌匀即可。
【茶疗功效】消除疲劳，增强食欲，帮助消化，抗菌杀菌。

🔲 妙用保健

护齿：黄山毛峰含氟，氟离子与牙齿表面的钙质产生化学反应，生成一种较难溶于酸的"氟磷灰石"（常见钙氟磷酸盐矿物），无形中给牙齿"穿上了保护膜"，提高了牙齿防酸抗龋的能力。

强心解痉：黄山毛峰中的咖啡因具有强心、解痉、松弛平滑肌的功效，能缓解支气管痉挛，可辅助治疗心肌梗死。

利尿：黄山毛峰中的茶多酚在促进肠道和胃蠕动的同时，也能达到利尿的目的。

品饮赏鉴 ◀——

绿茶

① 准备

透明玻璃杯1个，黄山毛峰3g，茶荷1个，茶匙1把，茶巾1条等。

② 投茶

把茶荷中的茶拨入透明玻璃杯中，茶与水的比例约为1:50。

③ 冲泡

将热水倒入杯中约至玻璃杯的四分之三处，水温以85～90℃为宜。

④ 分茶

将泡好的茶水倒入茶杯，以七分满为宜。

⑤ 赏茶

茶汤清澈明亮；茶叶嫩黄，肥壮成朵。

⑥ 品茶

滋味鲜浓、醇厚，回味甘甜。

茶点茶膳

笋拌豆丝

材料

豆丝900g，莴笋300g，黄山毛峰粉2茶匙，橄榄油少许。

制作

❶ 将莴笋清洗干净，取嫩茎，去皮切丝后焯水；捞出沥水装盘，放凉后置冰箱内冷藏30分钟。

❷ 取出笋丝，将豆丝和笋丝拌在一起，加入少许橄榄油和2茶匙黄山毛峰粉，拌匀即可食用。

口味

清新爽口，去油解腻。

39

四大茶区

江北茶区

气候：北亚热带和暖温带季风气候。

土壤：江北茶区土壤多属黄棕壤或棕壤，是中国南北土壤的过渡类型。

无霜期：200～250天。

茶种类：绿茶、黄茶。

年平均气温：13～16℃。

年平均降水量：700～1 000mm。

六安瓜片

信阳毛尖

西南茶区

气候：热带季风气候。

土壤：滇中北部多为赤红壤、山地红壤和棕壤，川、黔及藏东南为黄壤。

无霜期：220～340天。

茶种类：绿茶、黑茶、花茶。

年平均气温：四川盆地为17℃，云贵高原为14～15℃，西藏察隅为11.6℃。

年平均降水量：1 000mm以上。

普洱散茶

滇红

江南茶区

气候：亚热带、南亚热带季风气候。

土壤：基本为红壤，少部分为黄壤。

无霜期：230～280天。

茶种类：绿茶、红茶、白茶、黑茶、乌龙茶、花茶等茶类都有。

年平均气温：15～18℃。

年平均降水量：1 100～1 600mm。

西湖龙井

洞庭碧螺春

华南茶区

气候：热带、南亚热带季风气候。

土壤：华南大部分地区是红壤，例如海南地区虽然山地居多，但也主要是红壤区，也有少部分地区是黄壤。

无霜期：300～365天。

茶种类：红茶、乌龙茶、黄茶、黑茶。

年平均气温：18～24℃。

年平均降水量：1 200～2 000mm。

铁观音

六堡茶

中国六大茶类赏鉴

绿茶

基状 颜色是翠绿色，泡出来的茶汤呈绿黄色，因此被称为"绿茶"。

茶性 绿茶性较寒凉，富含叶绿素、维生素C等；咖啡因、茶碱的含量较多，容易刺激神经。

功效 有助于防龋齿、降血脂、抗菌、抗衰老等。

红茶

基状 颜色是深红色，泡出来的茶汤呈朱红色，因此被称为"红茶"。

茶性 红茶性温，富含胡萝卜素；咖啡因、茶碱的含量较少，刺激神经效能较低。

功效 有助于利尿、消炎杀菌、温胃去寒、消食开胃等。

白茶

基状 颜色是白色，泡出来的茶汤呈象牙色，因此被称为"白茶"。

茶性 白茶性寒凉，富含胡萝卜素、二氢杨梅素；一般每人每天饮白茶不多于5克，多饮可能引起"茶醉"。

功效 有助于抗辐射、防癌、抗癌、解毒、缓解牙痛等。

黑茶

基状 颜色是黑色或黑褐色，泡出来的茶汤呈暗褐色或红黄稍褐色，因此被称为"黑茶"。

茶性 黑茶性温和，富含维生素和矿物质等；咖啡因的含量适中，能提高胃液分泌量，从而增进食欲，助消化。

功效 有助于抑脂、消脂、消炎、抗辐射、抗癌、防癌等。

黄茶

基状 颜色是浅黄色或黄褐色，泡出来的茶汤呈橘黄色，因此被称为"黄茶"。

茶性 黄茶性凉，富含维生素、茶多酚、可溶糖等；茶多酚、可溶糖等对防治食道癌有明显的功效。

功效 有助于防癌、抗癌、杀菌、消炎等。

乌龙茶

基状 颜色是深绿色或青褐色，泡出来的茶汤呈蜜绿色或蜜黄色，因此又被称为"青茶"。

茶性 乌龙茶性温凉，富含叶绿素、维生素C等；茶碱、咖啡因的含量少，以乌龙茶入菜的应用较广。

功效 有助于减脂、抗肿瘤、延缓衰老等。

中国十大名茶赏鉴

西湖龙井 *绿茶皇后* 江南茶区

 性状：叶底芽叶匀整，嫩绿明亮

 汤色：嫩绿（黄）明亮

干茶性状：外形扁平光滑，峰苗尖削，芽长于叶，色泽嫩绿，体表无茸毛

主产区：浙江

分类：	绿茶
口味：	鲜爽甘醇
功效：	抗菌，利尿，消脂，防癌
储藏：	保持干燥、密封、避免阳光直射、杜绝挤压是储藏西湖龙井的最基本要求

洞庭碧螺春 *茶中仙子* 江南茶区

 性状：叶底嫩绿、柔匀

 汤色：碧绿清澈

干茶性状：条索纤细，卷曲呈螺状，满披茸毛，色泽碧绿

主产区：江苏

分类：	绿茶
口味：	清香鲜爽，回味甘厚
功效：	清热降火，抗菌消炎，瘦身养颜
储藏：	保持干燥、密封，宜在10℃以下的环境中冷藏

黄山毛峰 茶中精品

 性状：叶底嫩黄肥壮，匀亮成朵

 汤色：清澈明亮

干茶性状：外形细嫩扁曲，多毫有峰，色泽油润光滑

主产区：安徽

分类：	绿茶
口味：	鲜浓醇厚，回味甘甜
功效：	护齿，强心解痉，利尿
储藏：	保持干燥、密封、避光、低温储藏

庐山云雾 茶中上品

 性状：叶嫩匀整

 汤色：清澈明亮

干茶性状：外形条索粗壮，饱满秀丽；茶芽隐露，青翠多毫

主产区：江西

分类：	绿茶
口味：	香高持久，醇厚味甘
功效：	怡神解泻，助消化，杀菌解毒，防止肠胃感染
储藏：	保持干燥、密封、避光、低温储藏

君山银针 黄茶之冠

性状： 叶底嫩黄，匀亮

汤色： 橙黄明净

干茶性状： 茁壮坚实，白毫显露

主产区： 湖南

分类：	黄茶
口味：	甘醇，香气高爽
功效：	防癌，杀菌，消炎
储藏：	保持干燥、密封、避光、低温储藏

六安瓜片 国品礼茶

性状： 叶底嫩绿、明亮、柔匀

汤色： 清澈明亮

干茶性状： 外形平展，茶芽肥壮，叶缘微翘，色泽翠绿

主产区： 安徽

分类：	绿茶
口味：	鲜醇，回味甘美
功效：	抗癌，抑菌，通便
储藏：	保持干燥、密封、低温储藏

信阳毛尖 绿茶之王

性状： 叶底嫩绿明亮，细嫩匀齐

汤色： 嫩绿鲜亮

干茶性状： 细秀匀直，白毫明显

主产区： 河南

分类：	绿茶
口味：	鲜爽醇香、回甘
功效：	抗菌消炎，止血，止痛，去腻消食
储藏：	保持干燥、密封、低温储藏

武夷岩茶 茶中状元

性状： 叶底软亮，叶缘朱红，叶心淡绿带黄

汤色： 橙黄明亮

干茶性状： 外形条索紧结，色泽绿褐鲜润，叶片红绿相间或镶有红边

主产区： 福建

分类：	乌龙茶
口味：	味道纯细甘鲜
功效：	护胃，养目，消脂
储藏：	保持干燥、密封、避光、低温冷藏，杜绝外力挤压

安溪铁观音 七泡余香

 性状：叶底肥厚柔润　　 汤色：金黄似琥珀

干茶性状：条索卷曲，肥壮圆结，沉重匀整

主产区：福建

分类：	乌龙茶
口味：	滋味醇厚甘鲜，回味悠长
功效：	杀菌，固齿，提神
储藏：	保持干燥、密封、低温储藏

祁门红茶 红茶皇后

 性状：色泽乌润　　 汤色：红艳明亮

干茶性状：条索紧细匀整，峰苗秀丽

主产区：安徽

分类：	红茶
口味：	滋味甘鲜醇厚
功效：	利尿，解毒，抗菌
储藏：	保持干燥、密封、低温储藏

茶疗偏方一览

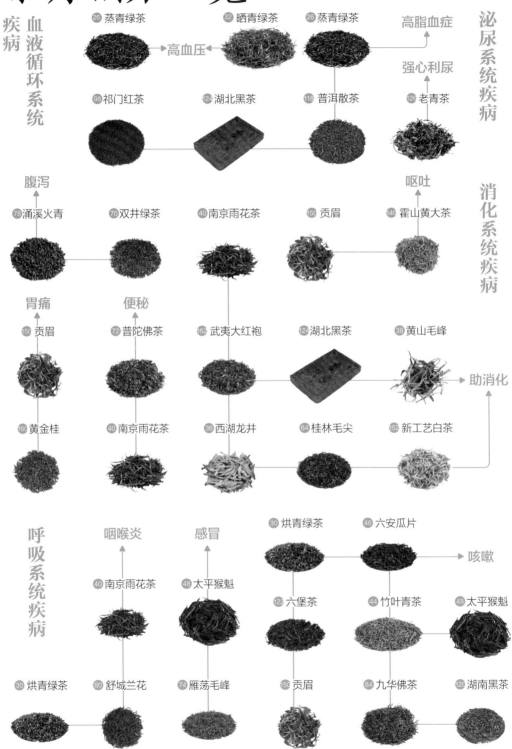

疾病 血液循环系统

26 蒸青绿茶 → 高血压 ← 32 晒青绿茶 26 蒸青绿茶 → 高脂血症

泌尿系统疾病

强心利尿

98 祁门红茶 124 湖北黑茶 118 普洱散茶 126 老青茶

腹泻

呕吐

消化系统疾病

78 涌溪火青 70 双井绿茶 40 南京雨花茶 150 贡眉 146 霍山黄大茶

胃痛 便秘

150 贡眉 72 普陀佛茶 162 武夷大红袍 124 湖北黑茶 38 黄山毛峰

助消化

160 黄金桂 40 南京雨花茶 36 西湖龙井 64 桂林毛尖 152 新工艺白茶

呼吸系统疾病

咽喉炎 感冒

30 烘青绿茶 46 六安瓜片 → 咳嗽

40 南京雨花茶 48 太平猴魁

12 六堡茶 44 竹叶青茶 48 太平猴魁

30 烘青绿茶 80 舒城兰花 74 雁荡毛峰 150 贡眉 84 九华佛茶 12 湖南黑茶

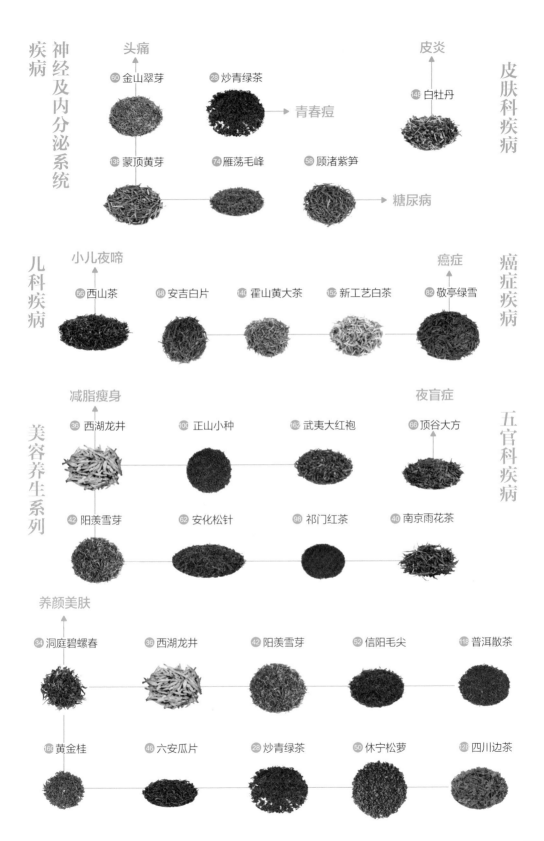

头痛
⑩ 金山翠芽　㉘ 炒青绿茶
　　　　　　　　　　　→ 青春痘
⑱ 蒙顶黄芽　㉔ 雁荡毛峰　㊸ 顾渚紫笋
　　　　　　　　　　　　　　　　→ 糖尿病

皮肤科疾病
皮炎
⑭ 白牡丹

儿科疾病
小儿夜啼
㊶ 西山茶　㉘ 安吉白片　⑭ 霍山黄大茶　⑮ 新工艺白茶　㊷ 敬亭绿雪

癌症疾病
癌症

美容养生系列
减脂瘦身
㊱ 西湖龙井　⑩ 正山小种　⑯ 武夷大红袍　㊻ 顶谷大方
㊷ 阳羡雪芽　㊷ 安化松针　㊹ 祁门红茶　㊵ 南京雨花茶

五官科疾病
夜盲症

养颜美肤
㉞ 洞庭碧螺春　㊱ 西湖龙井　㊷ 阳羡雪芽　㊺ 信阳毛尖　⑱ 普洱散茶
⑯ 黄金桂　㊻ 六安瓜片　㉘ 炒青绿茶　㊿ 休宁松萝　⑫ 四川边茶

23

第一章

最爱那抹鲜绿色：绿茶

　　绿茶，又称不发酵茶。采摘茶树新叶，经杀青、揉捻、干燥等工艺制作而成。茶汤保留了鲜茶叶的绿色，有"清汤绿叶，滋味收敛性强"的特点。绿茶种植遍布我国四大茶区，有西湖龙井、洞庭碧螺春、六安瓜片等名贵品种。随着茶疗养生的日渐盛行，绿茶的保健功效得到了淋漓尽致的发挥——常饮绿茶不仅可以防癌、降血脂、防电脑辐射，还可以减轻尼古丁对吸烟者的伤害。本章清晰详尽地介绍了30余种绿茶，配以精美图片，茶香茶效尽在其中。

蒸青绿茶

减脂瘦身　抵抗辐射

　　我国古代最早发明的一种茶即蒸青绿茶，是利用蒸汽破坏鲜叶中酶的活性而获得的成品绿茶。随着制茶工艺的发展，现在采用选青、蒸青、粗揉、揉捻、中揉、精揉、干燥等传统与现代相结合的制作工艺，保留了茶叶中较多的叶绿素、蛋白质、氨基酸、芳香物质等内含物，使蒸青绿茶有"三绿一爽"之美称，即色泽翠绿，汤色嫩绿，叶底青绿；茶汤滋味鲜爽甘醇，带有板栗香。恩施玉露、仙人掌茶、阳羡茶、水云玉露是仅存不多的蒸青绿茶品种。蒸青绿茶用冰水冲泡，口感更佳。

性状
叶底青绿。

汤色
色泽嫩绿。

品鉴指数 ★ ★ ★ ★ ★

口味
鲜爽甘醇，带有板栗香。

适宜人群
一般人群都可饮用，特殊禁忌者除外。

主要功效
减脂瘦身，降血脂，防辐射。

性状特点
紧直挺秀，色泽翠绿。

挑选储藏

　　优质蒸青绿茶外形匀称，纤细挺直如针，色泽翠绿。如条件允许，还可经过冲泡挑选——质优者汤色嫩绿，叶底青绿；茶汤滋味鲜爽甘醇。蒸青绿茶的储存条件为密封、低温、干燥，或存放于温度设置为 -5℃的冰箱中。

品种辨识

恩施玉露
　　外形条索紧圆光滑，色泽苍翠绿润，汤色嫩绿明亮。

仙人掌茶
　　又名"玉泉仙人掌"，外形扁平似掌，色泽翠绿，汤色绿亮。

阳羡茶
　　条形紧直，色翠，汤色清澈，叶底匀整，滋味香醇，回味甘甜。

水云玉露
　　外形均匀、秀美，纤细挺直如针，香气清雅，沁人心脾。

🍵 茶之传说

相传每到春茶竞相迸发之际，仙人掌茶的创制人中孚禅师（俗姓李，诗人李白的族侄）就在玉泉溪畔的乳窟洞边采摘茶树嫩叶，运用制茶技术制出"形扁如掌、清香滑熟、饮之清芬、舌有余甘"的名茶。公元 760 年，中孚禅师云游江南，在金陵（今南京市）遇李白，将此茶作见面礼赠予李白。李白品茗后，大为赞赏，并根据茶叶性状将其命名为"仙人掌茶"。

💗 茶疗养生

蒸青山楂茶

【材料】蒸青绿茶 3g，山楂叶 10g。
【做法】将山楂叶烘干研成末，装入棉织袋封口，后与绿茶冲泡。
【茶疗功效】可以清热解毒，减脂降压。

🍵 妙用保健

减脂： 蒸青绿茶含有酚类衍生物，特别是茶多酚、儿茶素和维生素 C 的综合作用，可以促进脂肪代谢，帮助人体消化，达到减脂的目的。

降血脂： 蒸青绿茶中的儿茶素可以降低人体对胆固醇的吸收，具有很好的降血脂及抑制脂肪肝的功能。

防辐射： 蒸青绿茶中的脂多糖抗辐射效果好，经常受电脑辐射的人，常饮此热茶能起到很好的防辐射作用。

① 准备

玻璃杯或瓷杯 1 只，2～3g 蒸青绿茶，茶匙 1 把等。

② 投茶

用中投法（先加水，后加茶，再添水）将蒸青绿茶投入准备好的玻璃杯中。

③ 冲泡

先向杯中注少量水，浸润茶芽，再用 80～90℃的水冲泡。

④ 分茶

将泡好的茶汤倒入茶杯中，以七分满为宜。

⑤ 赏茶

芽叶在茶水中几沉几浮，犹如刀枪林立，静下来时亭亭玉立，翠绿可人。

⑥ 品茶

一看茶之汤色和叶状，二闻茶香，三品至清、至醇之茶韵。

蒸青绿茶粥

材料

粳米 100g，绿茶 5g，牛奶、水各适量。

制作

❶ 将粳米用清水冲洗干净，备用。

❷ 将茶叶用沸水分 3 次冲泡，取其茶汁 500ml。

❸ 将茶汁和粳米倒入锅中，再加入适量的水和牛奶，用小火熬成粥即可。

口味

清淡香甜。

27

炒青绿茶

减脂抗菌 降脂抗癌

因干燥方式采用"炒"而得名"炒青绿茶"。在干燥过程中因机械或手工操作的不同，成茶形成了长条形、圆珠形、扁平形、针形、螺形等不同的形状，炒青绿茶按外形分为长炒青、圆炒青和扁炒青三类。长炒青形似眉毛，又称"眉茶"；圆炒青形如颗粒，又称"珠茶"；扁炒青又称"扁形茶"。炒青绿茶条索紧结光润，滋味浓厚而富有收敛性，耐冲泡。其主要品种有西湖龙井、碧螺春、顶谷大方等。

性状
叶底黄亮。

汤色
色泽淡绿。

品鉴指数 ★ ★ ★ ★ ★

口味
滋味浓厚，富有收敛性。

适宜人群
一般人群都可饮用，特殊禁忌者除外。

主要功效
抗癌防癌，美容瘦身，杀菌消炎。

性状特点
条索紧结，色泽绿润。

挑选储藏

优质炒青绿茶油光宝色，香气清新，味道甘滑醇香。将茶叶入罐后放在冰箱的冷藏室中，温度调至5℃左右，可以使茶叶的新鲜度保持一年左右。

品种辨识

长炒青

条索紧结，形似眉毛，色泽绿润，滋味浓厚，叶底黄亮。

圆炒青

又称"珠茶"，成茶外形颗粒圆紧如珠，香高味浓，耐泡。

扁炒青

成茶外形扁平光滑，色绿，芽叶均匀成朵，香郁、味甘。

🍵 评茶论道

茶道讲色、香、味、器、礼，水则是色、香、味的体现者。自从茗饮进入人们的生活或文学艺术领域后，人们对烹茶所用水质的清浊、甘苦的认识有了进一步的提高。古人一般要求水甘甜洁净、鲜活清爽，同时讲求适当的贮水方法。现代人冲泡绿茶时一般从感官指标、化学指标、物理学指标等来判断水质。不管是古人还是今人的烹茶用水，都蕴含茶道的深厚修养。

💗 茶疗养生

绿荷多功能茶

【材料】绿茶粉 2g，荷叶少许。

【做法】把绿茶粉、荷叶放入瓷碗中，用沸水冲泡后饮用。

【茶疗功效】对口干舌燥、青春痘、皮肤松弛、肥胖症等有一定的辅助疗效。

🍵 妙用保健

减脂：炒青绿茶含有酚类衍生物，特别是茶多酚、儿茶素和维生素 C 的综合作用，可以促进脂肪氧化，帮助人体消化，达到减脂的目的。

抗菌：炒青绿茶中的醇类、醛类、酯类、多酚类等有机化合物，对人体的多种病菌有抑制和灭杀的功效。

抗癌：炒青绿茶中的茶多酚能够抑制人体内致癌物亚硝基化合物的形成。

1 准备

玻璃杯或瓷杯 1 个，炒青绿茶 2～3g，茶匙 1 把，茶巾 1 条等。

2 投茶

以中投法将炒青绿茶投入玻璃杯中。

3 冲泡

向玻璃杯中冲入优质纯净水，水温以 80～90℃为宜。

4 分茶

将泡好的茶汤倒入茶杯中，以七分满为宜。

5 赏茶

茶汤颜色逐渐变化，茶烟飘散，茶芽在杯中缓缓起舞。

6 品茶

待茶汤冷热适口时，可小口慢慢饮用，用心品茗方知炒青绿茶的香郁和甘美。

茶月饼

材料

面粉 500g，糖浆 200ml，绿茶粉 50g，色拉油 150ml，菠萝馅、水各适量，模子 1 个，刮刀 1 把。

制作

❶ 将面粉、绿茶粉混合后，加入糖浆、色拉油和水，顺同一个方向搅拌均匀，揉搓成面团。

❷ 分成剂子，擀成圆饼，将菠萝馅包进饼皮，将口捏紧。

❸ 模子里面刷点油，放进带馅面团，将四周压实，厚度需与饼模一致，以免倒扣时月饼塌陷。

❹ 将月饼倒扣出来，放进预热为 200℃的烤箱，烤 10 分钟即成。

口味

清新爽口，风味独特。

烘青绿茶

利尿爽口 抗衰益寿

因干燥方式采用烘干而得名"烘青绿茶"，依原料老嫩和制作工艺的不同，可分为普通烘青与细嫩烘青两类。普通烘青绿茶供直接饮用者不多，通常用作窨制花茶的茶坯，成品为烘青花茶。细嫩烘青是指采摘细嫩芽叶精工制作而成的绿茶，经杀青、揉捻、干燥等工序制作而成；按外形可分为条形茶、尖形茶、片形茶、针形茶等。细嫩烘青绿茶茶汤黄绿色或嫩绿色，滋味鲜爽，回甘，不耐泡。主要品种有黄山毛峰、太平猴魁、六安瓜片、敬亭绿雪等。

性状
叶底翠绿鲜嫩。

汤色
色泽黄绿或嫩绿。

品鉴指数 ★★★★★

口味
滋味鲜爽，回甘。

适宜人群
一般人群都可饮用，特殊禁忌者除外。

主要功效
利尿爽口，防衰老。

性状特点
外形稍弯曲或不弯曲，峰苗显露。

挑选储藏

挑选烘青绿茶时，要看茶叶中是否混有茶梗、茶末、茶籽，以及制作过程中是否混入竹屑、木片、石灰、泥沙等夹杂物，有则会影响烘青绿茶的品质。储藏时先将茶叶放在双层竹盒或木盒中，再将其放于阴凉处，这样茶叶就不易受潮且避免了阳光直射。

制茶工序

烘青绿茶的制作工序可分为杀青、揉捻、干燥。杀青是为了破坏鲜叶的组织，使鲜叶内含物迅速转化。揉捻可破坏叶片组织细胞，促使部分多酚类物质氧化，减少茶的苦涩味。干燥是烘青绿茶最重要的制作工序，分为毛火烘焙和足火烘焙两种，其中茶叶整形做形、固定茶叶品质、发展茶香等都包含在这一工序中。

📖 评茶论道

俗语说："水为茶之母，壶是茶之父。"好的饮茶器具有助于提高茶叶的色、香、味；同时，一件高雅精美的茶具本身就富含艺术性，具有欣赏价值。选择茶具时，人们不仅看它的实用性，还要看它的艺术性。绿茶一般用玻璃或瓷制茶具冲泡，这样能发挥器皿的优越性，令观赏者赏心悦目。

❤ 茶疗养生

杏仁润喉止咳绿茶

【材料】烘青绿茶 3g，杏仁 2g，蜂蜜适量。

【做法】将绿茶、杏仁用沸水冲泡，依个人口味加入蜂蜜即可饮用。

【茶疗功效】有止咳平喘、润燥解毒之效。

☕ 妙用保健

抗老：烘青绿茶含有的茶多酚类物质，具有很强的抗氧化性和生理活性，能代谢氧自由基，长期饮用可延缓衰老。

爽口：烘青绿茶中的多酚类、糖类、氨基酸、果胶等物质与口涎产生化学反应，能刺激唾液分泌，使口腔滋润，产生清凉感。

利尿：烘青绿茶中的咖啡因有利尿作用。喝茶后，咖啡因进入体内，刺激肾脏，能促使尿液迅速排出体外。

①　准备

茶匙 1 把，烘青绿茶 2～3g，透明玻璃杯或瓷碗 1 个等。

②　投茶

取出烘青绿茶，将其投入玻璃杯中。

③　冲泡

先向玻璃杯或瓷碗中注入少量矿泉水，浸润茶芽后，再高提水壶让沸水直泻而下。

④　分茶

将泡好的烘青绿茶茶汤倒入茶杯，以七分满为宜。

⑤　赏茶

碧绿的茶芽在杯中如绿云翻滚，袅袅茶烟使得香气四溢，清香袭人。

⑥　品茶

轻轻摇动杯身，使茶汤均匀。可邀好友共品烘青绿茶的清爽甘泽，互祝万事如意。

绿茶红豆饼

材料

豆沙馅 50g，中筋面粉 70g，绿茶粉 2g，蛋黄 2 个，食用油、水和白芝麻各适量。

制作

❶ 将中筋面粉、绿茶粉和水倒入容器中，拌匀并揉成面团，静置5分钟。

❷ 将面团擀成圆薄状后，包入豆沙馅，收口，压成大片饼状，表层抹上搅打好的蛋黄液，撒上白芝麻。

❸ 把适量食用油放入平底锅中烧热，放入红豆饼，以中火慢慢煎至熟透，取出盛盘即可。

口味

香甜可口，有清爽茶香。

晒青绿茶

杀菌消炎 护齿利尿

晒青绿茶是以日光晒干的方式进行干燥处理的。这种晒茶方式起源于3 000多年前，古人采集野生茶树芽叶后晒干收藏。现代晒青绿茶是将茶鲜叶经过锅炒杀青、揉捻后，利用日光晒干。由于此干燥方式温度较低，时间较长，因此较多地保留了鲜叶的天然成分，且带有一股日晒特有的味道。晒青绿茶中以云南大叶种所制的滇青质量上佳，其外形条索粗壮肥硕，色泽深绿油润，汤色黄绿，极具收敛性，耐冲泡。

性状
叶底嫩绿或深绿。

汤色
色泽淡绿或黄绿。

品鉴指数 ★ ★ ★ ★ ★

口味
入口甘甜，无浓烈感。

适宜人群
一般人群都可饮用，特殊禁忌者除外。

主要功效
杀菌消炎，护齿利尿。

性状特点
条索粗状，耐冲泡。

挑选储藏

挑选晒青绿茶时，要看其茶叶叶片的形状是否整齐，色泽是否均匀，整齐均匀者为优质晒青绿茶；有油臭味或焦味者为劣质产品。储藏晒青绿茶时要密封，保持干燥，杜绝挤压。

品种辨识

晒青绿茶中太阳照射的味道明显，干茶色泽为墨绿色，白毫较显，冲泡后汤色较手工制作更显橙黄色，滋味甘甜，香气表现略闷，较持久，叶底一般为嫩绿或深绿色，部分叶底上会出现黄斑。烘青绿茶有清香味，干茶有明显的火烘味，香气较锐，冲泡后茶汤一般会表现为黄绿色、淡绿色或翠绿色，滋味鲜爽，回甘。

📋 评茶论道

茶叶罐是用来储存茶叶的器具，自古以来，茶叶罐就是茶文化的一部分。古代流传下来的茶叶罐，材料多样、制作精美，具有很高的欣赏价值和收藏价值，从这些茶叶罐可以看出茶历史的变迁和人们对茶认识的不断深入，它们也是研究茶文化的主要资料。茶叶罐的材质有瓷质、铁质、陶质、木质等。为了更好地保持茶叶新鲜度，根据茶叶对温度和湿度的不同储存需求，可以挑选不同材质的茶叶罐。

💗 茶疗养生

杜仲护心绿茶

【材料】杜仲叶 2g，晒青绿茶 3g。

【做法】将杜仲叶和绿茶同置于杯中，以沸水冲泡后，静置 5 分钟即可饮用。

【茶疗功效】此茶能补益肝肾、降血压、强健筋骨。

🍵 妙用保健

护齿： 晒青绿茶含氟，对牙齿有保健功效，长期饮用可护齿。

杀菌消炎： 晒青绿茶中的醛类、酯类、多酚类等有机化合物，对多种病菌都有一定的抑制和灭杀功效。

利尿： 晒青绿茶含有咖啡因，能刺激肾脏加快排出尿液，从而起到利尿的作用。

① 准备

玻璃杯或瓷杯 1 个，晒青绿茶 2～3g，茶匙 1 把，茶巾 1 条等。

② 投茶

用茶匙将晒青绿茶投入杯中。

③ 冲泡

用少量矿泉水浸润茶芽，待茶芽舒展后，用 80～90℃的水冲泡绿茶。

④ 分茶

将汤茶分倒在茶杯中，以七分满为宜。

⑤ 赏茶

茶泡好后，可闻香观色，看茶烟飘散，茶叶起舞。

⑥ 品茶

品茗时要小口慢慢细啜，方可体会其香、清、甘醇。

茶点茶膳

绿茶豆腐

材料

豆腐 1 块，青椒 1 个，胡萝卜 1 根，晒青绿茶 3g，酱油、糖各 1 匙，盐、香油和食用油各少许。

制作

❶ 用晒青绿茶泡出茶汁，备用。

❷ 将青椒去蒂，去籽，洗净切丁；将胡萝卜去皮，洗净切丁。

❸ 将豆腐切片，平底锅中倒油，油热后放入豆腐，煎至两面金黄后取出。

❹ 锅中加油，油热后放入胡萝卜、青椒丁炒香，淋入酱油，倒入豆腐，放糖、盐、香油和茶汁炒入味。

口味

香软可口，有淡淡茶香。

洞庭碧螺春

利尿清热 减脂瘦身

洞庭碧螺春是中国十大名茶之一，产于江苏太湖洞庭山。由于茶树与果树间种，碧螺春茶叶具有特殊的花朵香味，当地人称此茶为"吓煞人香"。碧螺春茶从春分开摘至谷雨结束，采摘的茶叶为一芽一叶；一般是清晨采摘，中午前后去除质量不好的茶片，下午至晚上炒茶。碧螺春条索纤细，卷曲似螺，边沿上有一层均匀的细白茸毛。1954 年，周总理曾携带两斤"东山西坞村碧螺春"赴日内瓦参加国际会议，碧螺春也因此扬名中外。

性状
叶底嫩绿柔匀。

汤色
碧绿清澈。

品鉴指数 ★ ★ ★ ★ ★

口味
滋味香郁鲜爽，
回味甘厚。

适宜人群
一般人群都可饮用，
特殊禁忌者除外。

主要功效
清热降火，利尿，瘦身
养颜。

性状特点
条索纤细，卷曲呈螺
状，满披茸毛。

挑选储藏

没有加色素的碧螺春色泽比较柔，加色素的碧螺春看上去颜色发黄、发绿、发青或发暗。此外，优质的碧螺春应是满披白毫，即白色的小茸毛；被着色后的碧螺春，茸毛多是绿色的。碧螺春要保持干燥、密封，宜在 10 ℃以下的环境中冷藏。

制茶工序

按国家标准，碧螺春茶被分为 5 级：特一级、特二级、一级、二级、三级。炒制锅温、投叶量、用力程度，随级别降低而增加。即级别低的茶炒制时锅温高，投叶量多，做形时较用力。目前仍大多采用手工方法炒制，分杀青、炒揉、搓团焙干 3 道工序，其特点是手不离茶，茶不离锅，揉中带炒，炒中有揉，炒揉结合，连续操作，起锅即成。

🍵 茶之传说

很久以前，碧螺和阿祥在湖边干活，突然湖中出现一条恶龙，恶龙伤害百姓，还要碧螺做"太湖夫人"。阿祥决定与恶龙决战。他杀了恶龙，自己也受了重伤。一天，碧螺在阿祥与恶龙搏斗处发现一棵茶树，碧螺采了一把茶树上的嫩叶给阿祥泡茶喝，阿祥喝完伤势竟好转，碧螺却因劳累病倒后再也没起来。为了纪念碧螺，人们称这棵茶树为"碧螺春"。

❤️ 茶疗养生

美肤茶

【材料】碧螺春茶末适量，软骨素 1g（药店有售），茶杯 1 个。

【做法】将茶末放入杯中，以沸水冲泡，然后将软骨素与茶水调和。

【茶疗功效】有助于滋养肌肤，使皮肤富有弹性。

🍵 妙用保健

利尿：碧螺春中的咖啡因能刺激肾脏，饮用碧螺春后，咖啡因进入体内，促使尿液迅速排出体外。

清热：碧螺春含有的脂多糖的游离分子、维生素 C、氨基酸和皂苷化合物，具有清热的功能。

瘦身：碧螺春含有大量的维生素以及食物纤维，食物纤维不能被人体吸收；喝茶后，食物纤维会停留在腹中，给人以饱腹感，这样就会减少进食，适量饮用可减脂瘦身。

品饮赏鉴

① 准备

香 1 支，香炉、玻璃杯、随手泡、茶盘、茶荷各 1 个，茶匙 1 把，碧螺春茶 3g 等。

② 投茶

清洗玻璃杯，然后用茶匙将茶荷里的碧螺春依次拨到玻璃杯中。

③ 冲泡

向杯中注入 80~90℃的水，水只注到七分满，充分浸泡茶芽。

④ 分茶

将汤茶分倒在茶杯中，以七分满为宜。

⑤ 赏茶

燃香，静坐，只见满身披毫、银白隐翠的碧螺春吸收水分后即下沉，茶汤逐渐变绿。

⑥ 品茶

茶汤与茶叶交相辉映；品之香郁鲜爽，回味甘厚。

茶点茶膳

茶香水饺

材料

猪肉馅 30g，饺子皮 60 个，碧螺春茶 5g，白菜半颗、盐、油各适量。

制作

① 将白菜洗净剁好，挤出水分备用。

② 将茶叶泡开后切碎，滤出茶汁备用。

③ 将白菜、茶叶碎放入猪肉馅中，加入适量盐和油拌匀。

④ 在调好的馅里加入少许茶汁，再次搅拌均匀。

⑤ 将馅包进饺子皮里，入锅煮熟即成。

口味

清香宜人，风味别致。

西湖龙井

利尿减脂 抗菌防癌

西湖龙井是中国十大名茶之一，因产于杭州西湖龙井茶区而得名。外形扁平挺秀，色泽翠绿，内质清香味醇，素以"色绿、香郁、味甘、形美"驰名中外。茶树多种植在靠山近水地，每年春天采摘青叶，人们习惯把清明前三天采摘的茶称为"明前茶"。夏秋的龙井茶有暗绿和深绿两种，就汤色、茶香及叶底而言，夏秋茶要比同级春茶差一些。西湖龙井在国际交往中曾发挥桥梁作用，现已成为人们礼尚往来的礼品茶。

性状
芽嫩如莲心，
光滑挺秀。

汤色
色泽杏绿，
清澈明亮。

品鉴指数 ★ ★ ★ ★ ★

口味
清新醇厚，无浓烈感。

适宜人群
一般人群都可饮用，
特殊禁忌者除外。

主要功效
利尿，减脂，抗菌，防癌。

性状特点
扁平挺直，大小、长
短匀齐。

挑选储藏

优质龙井茶叶扁形，条索整齐，宽度一致，手感光滑；叶细嫩，一芽一叶或两叶，芽长于叶 3cm 以下，芽叶均匀成朵，不带夹蒂、碎片；茶汤味道清香。假龙井茶则多是青草味，夹蒂较多，手感不光滑。龙井茶不能挤压，要保持低温、干燥、单独储藏。

品种辨识

云栖
挺秀、扁平光滑，色泽翠绿。

狮峰
光、扁、平、直，无茸毛，叶苞不分叉，色泽绿润，被誉为"龙井之巅"。

虎跑
嫩匀成朵，芽形若枪。

龙井
扁平光滑，峰苗尖削。
色泽嫩绿中带黄。

梅家坞
芽叶柔嫩而细小。

🍵 茶之传说

相传乾隆皇帝巡游到杭州，乔装一番后来到龙井村狮峰山下的胡公庙前。庙里的和尚拿出狮峰龙井请乾隆品饮，乾隆饮后感觉清香醇厚，遂亲自采摘茶叶；因匆忙回京，他只能把采摘的茶叶放入衣袋中。回京后茶芽已被夹扁，可香气犹存，深得太后赞赏。于是乾隆封该茶为"御茶"，每年当地的茶农都要炒茶进贡，供太后享用。

❤ 茶疗养生

绿茶酸奶

【材料】酸奶 250ml，龙井茶粉 5g，瓷碗 1 个。

【做法】将龙井茶粉放入瓷碗中，再倒入酸奶，拌匀后即可饮用。

【茶疗功效】茶香浓郁，富有奶香味，口感绵软，具有消脂减肥、助消化的作用。

🍵 妙用保健

利尿： 龙井茶含咖啡因和茶碱，这些物质有利尿作用。

减脂： 龙井茶中的咖啡因、肌醇、叶酸、泛酸和芳香类物质能调节脂肪代谢，有减肥功效。

抗菌： 龙井茶中的茶多酚和鞣酸作用于细菌，能凝固细菌的蛋白质，将细菌杀死，因此龙井茶有一定的抗菌功效。

防癌： 龙井茶中的黄酮类物质有一定程度的体外抗癌作用，常饮龙井茶能防癌抗癌。

① 准备

玻璃杯或瓷杯 1 个，西湖龙井 2 ~ 3g，茶匙 1 把等。

② 投茶

取龙井茶 2 ~ 3g 置入杯中，按照 1 : 50 的比例为干茶注水。

③ 冲泡

用"回旋斟水法"注少许水浸润茶芽，待茶叶舒展、散发清香时，用 85 ~ 95℃的水冲泡。

④ 分茶

将泡好的茶汤倒入茶杯，七分满即可。

⑤ 赏茶

茶叶一片片地下沉，逐渐舒展并上下沉浮，汤明色绿，分外养眼。

⑥ 品茶

香气沁人心脾，细品后更觉齿颊留香、甘泽润喉。

茶点茶膳

龙井黄花鱼

材料

黄花鱼 1 条，龙井茶 6g，盐、油、黄酒各适量。

制作

❶ 将黄花鱼刮鳞，去内脏，清洗干净备用。

❷ 以热水冲泡龙井茶，两三分钟后去渣取茶汤，滤出茶叶备用。

❸ 将黄花鱼片开，用盐、黄酒和茶汤浸泡约10分钟，使之入味。

❹ 将腌好的黄花鱼放入油锅中，炸酥后捞出。

❺ 将泡开的龙井茶叶放入油锅炸香，炸好后和黄花鱼一起装盘即可。

口味

酥软，香嫩可口。

黄山毛峰

护齿健齿 强心解痉

黄山毛峰是中国历史名茶之一，产于安徽黄山。其色、香、味、形俱佳，风味独特。黄山毛峰特级茶，在清明至谷雨前采制，以一芽一叶初展为标准，当地称"麻雀嘴稍开"。鲜叶采回后即摊开，并进行拣剔，去除老、茎、杂。毛峰以晴天采制的品质为佳，并要当天杀青、烘焙，将鲜叶制成毛茶（现采现制），然后妥善保存。黄山毛峰1955年被中国茶叶公司评为全国"十大名茶"，1986年被中国外交部定为"礼品茶"。

性状
叶底嫩黄肥壮，
匀亮成朵。

汤色
清澈明亮。

品鉴指数 ★ ★ ★ ★ ★

口味
鲜浓醇厚，
回味甘甜。

适宜人群
一般人群都可饮用，
特殊禁忌者除外。

主要功效
护齿，强心解痉，利尿。

性状特点
外形细嫩扁曲，
多毫有峰。

挑选储藏

特级黄山毛峰形似雀舌，白毫显露，色似象牙，鱼叶金黄。其中"鱼叶金黄"和"色似象牙"是特级黄山毛峰外观上区别于其他毛峰的两大显著特征。储藏时要保持干燥、密封、避光、低温。

制茶工序

黄山毛峰的制作分为采摘、杀青、揉捻、干燥烘焙4道工序。采摘即清明、谷雨前后开采50%的茶芽，每隔2～3天巡回采摘一次，至立夏结束。杀青需用平锅手工操作，要求每锅投叶250～500g，温度为150～180℃，使茶叶充分接触锅面并受热均匀。杀青后的茶叶在揉匾上稍加揉搓，边揉边抖，以保证芽叶完整。

烘焙分两个步骤：

❶ 毛火（子烘），要求温度在90～95℃，烘焙时间在30～40分钟。

❷ 足火（老火），要求温度在65～70℃，时间为15～20分钟。

🍵 茶之传说

相传明朝知县熊开元游黄山时迷了路，偶遇和尚，和尚留他于寺中过夜。后和尚为其冲茶时，杯中有白莲升起，满室清香。熊大为好奇，和尚介绍此茶名为黄山毛峰。临别，和尚赠其一包黄山毛峰和一葫芦黄山泉水，并嘱咐用此水泡此茶，才能现白莲奇景。熊为好友演示，奇景再现。好友为邀功，演示给皇帝看，因没有黄山泉水，奇景未现。皇帝大怒，熊受牵连，不得不再上黄山讨泉水为皇帝演示；皇帝见白莲奇景，悦并加封熊。但熊决然辞官并于黄山出家。

❤ 茶疗养生

梅子绿茶

【材料】黄山毛峰 5g，青梅 1 颗，青梅汁 1 匙，冰糖 1 大匙。
【做法】冰糖加水煮化，趁水沸再加入黄山毛峰浸泡 5 分钟；滤出茶汁，加入青梅及青梅汁拌匀即可。
【茶疗功效】消除疲劳，增强食欲，帮助消化，抗菌杀菌。

☕ 妙用保健

护齿： 黄山毛峰含氟，氟离子与牙齿表面的钙质产生化学反应，生成一种较难溶于酸的"氟磷灰石"（常见钙氟磷酸盐矿物），无形中给牙齿"穿上了保护膜"，提高了牙齿防酸抗龋的能力。

强心解痉： 黄山毛峰中的咖啡因具有强心、解痉、松弛平滑肌的功效，能缓解支气管痉挛，可辅助治疗心肌梗死。

利尿： 黄山毛峰中的茶多酚在促进肠道和胃蠕动的同时，也能达到利尿的目的。

品饮赏鉴

1 准备

透明玻璃杯 1 个，黄山毛峰 3g，茶荷 1 个，茶匙 1 把，茶巾 1 条等。

2 投茶

把茶荷中的茶拨入透明玻璃杯中，茶与水的比例约为 1：50。

3 冲泡

将热水倒入杯中约至玻璃杯的四分之三处，水温以 85 ~ 90℃ 为宜。

4 分茶

将泡好的茶水倒入茶杯，以七分满为宜。

5 赏茶

茶汤清澈明亮；茶叶嫩黄，肥壮成朵。

6 品茶

滋味鲜浓、醇厚，回味甘甜。

茶点茶膳

笋拌豆丝

材料

豆丝 900g，莴笋 300g，黄山毛峰粉 2 茶匙，橄榄油少许。

制作

❶ 将莴笋清洗干净，取嫩茎，去皮切丝后焯水；捞出沥水装盘，放凉后置冰箱内冷藏 30 分钟。

❷ 取出笋丝，将豆丝和笋丝拌在一起，加入少许橄榄油和 2 茶匙黄山毛峰粉，拌匀即可食用。

口味

清新爽口，去油解腻。

南京雨花茶

抵抗辐射 通便减脂

  南京雨花茶因产于南京市郊的雨花台一带而得名。又因状如松针，它与安化松针、恩施玉露一起，被称为"中国三针"。雨花茶的采摘期极短，通常为清明前10天左右。采摘标准精细，要求嫩度均匀、长度一致，须选半开展的一芽一叶嫩叶，长2.5~3cm。极品雨花茶全程为手工炒制，经过杀青（高温杀青，嫩叶老杀，老叶嫩杀）、揉捻、整形、干燥后，再涂乌桕油加以手炒，每锅只能炒250g茶。南京雨花茶畅销东南亚一带，是人们赠送亲朋好友的珍贵礼品。

性状
叶底嫩匀明亮。

汤色
碧绿清澈。

品鉴指数 ★★★★★

口味
滋味醇厚，
回味甘甜。

适宜人群
一般人群都可饮用，
特殊禁忌者除外。

主要功效
防辐射，通便，减脂。

性状特点
外形圆绿，形似松针。

挑选储藏

  手轻握雨花茶茶叶，微感刺手，轻捏会碎，则表示茶叶的干燥程度良好，茶叶的含水量在5%以下，是质量上乘的雨花茶。反之，用重力捏茶叶仍不易碎，表明茶叶已受潮回软，茶叶品质受到影响。雨花茶要避免被强光照射，在低温下储藏。

品种辨识

  雨花茶分为三个级别：特级雨花茶、一级雨花茶、二级雨花茶。其区别是：鲜叶中一芽一叶、一芽二叶的大小以及叶芽的长度会随品级的降低依次递减，但其色泽、香味大体相同：均绿润、匀整、洁净；清香，汤色碧绿明亮，滋味鲜醇；只是在外形上，一、二级雨花茶有扁条。

评茶论道

1925年，"中国丝茶银行"发行了伍元的代茶币，该茶币为红黄色，镂空花边，四个角都印有"伍"字。上面从右至左为"中国丝茶银行"几个字，中间印有采茶图。"采茶图"下面自右至左横写"凭票即付国币伍圆"8个字，再下面自右而左横印"中华民国十四年"7个字。

茶疗养生

清咽茶

【材料】雨花茶5g，薄荷5g，冰片2g。

【做法】将3味食材放入杯中，用开水冲泡，3分钟后即可饮用。

【茶疗功效】清热生津，消食下气，对腹中胀满有一定的功效。

妙用保健

防辐射：雨花茶含有防辐射物质，能减少辐射对人体的危害，并能保护视力。

通便：雨花茶中的茶多酚可促进胃液分泌、胃肠蠕动，茶多酚被人体吸收，能达到通便的目的，使人体内的有害物质及时地被排出体外。

减脂：雨花茶中含有咖啡因和芳香类物质，能促使脂肪分解，将其转化为人体所需的热能，适量饮用有减脂的功效。

① 准备

玻璃杯或瓷杯1个，南京雨花茶2～3g，茶匙1把等。

② 投茶

采用上投法（先加水后加茶）将雨花茶投入玻璃杯或瓷杯中。

③ 冲泡

先向杯中注少量水，浸润茶芽，待茶叶浸透后继续注水，水温保持80～90℃为佳。

④ 分茶

将泡好的茶水倒入茶杯，以七分满为宜。

⑤ 赏茶

茶芽直立，上下沉浮，犹如翡翠，清香四溢。

⑥ 品茶

让茶汤和舌头充分接触，小口慢慢吞咽，品味茶香。

茶点茶膳

雨花银耳羹

材料

雨花茶5g，银耳6g，去皮木瓜100g，白糖20g，蜂蜜、淀粉各适量。

制作

① 将银耳用温水泡发约1小时，然后与木瓜一起放入500ml水中煮至熟烂。

② 将雨花茶放入200ml开水中泡开，取茶汁备用。

③ 将茶汁和白糖倒进煮银耳的锅中，加入适量淀粉煮沸即可，食用时可依个人口味加适量的蜂蜜。

口味

清甜适口，美容养颜。

阳羡雪芽

护齿坚齿 清热养颜

阳羡雪芽产于江苏宜兴南部的阳羡游览景区，根据苏轼"雪芽我为求阳羡"的诗句而得名——阳羡雪芽。阳羡茶区群山环抱，云雾缭绕，空气清新，土壤肥沃，为茶叶生长提供了良好资源。阳羡雪芽采摘细致，制作精细，经过高温杀青、轻度揉捻、整形干燥等3道工序加工制作而成。成品茶外形紧直匀细，翠绿显毫，内质香气清雅，滋味鲜醇，汤色清澈，叶底嫩匀完整，以"汤清、芳香、味醇"的特点誉满全国。

性状
叶底幼嫩，色绿黄亮。

汤色
清澈明亮。

品鉴指数 ★ ★ ★ ★ ★

口味
浓厚清鲜，甘醇爽口。

适宜人群
一般人群都可饮用，特殊禁忌者除外。

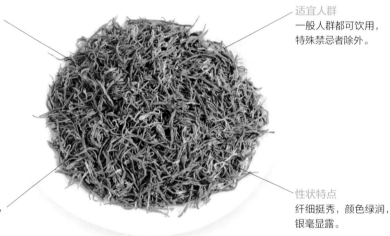

主要功效
护齿坚齿，清热降暑，养颜。

性状特点
纤细挺秀，颜色绿润，银毫显露。

挑选储藏

和其他绿茶一样，优质的阳羡雪芽条索紧细，圆直光滑，质重匀齐；茶叶洁净，无条梗，无杂质；芽类和白毫多，色泽绿润，且茶芽多为翠绿色，油润光亮，不带红梗、红叶。储藏时应选阴凉处，避光保存，有条件者可放入保鲜柜，在10℃以下的环境中保存，效果更佳。

制茶工序

阳羡雪芽采摘细致，制作精细，在谷雨前采制，经高温杀青、轻度揉捻、整形干燥等工序成为成品。其外形纤细挺秀，色绿润，银毫显露；冲泡后，汤色清澈明亮，叶底匀整，滋味浓厚清鲜。

☕ 评茶论道

自古以来，文人雅士都喜欢饮茶，也出现了以茶事为主题的绘画。如唐朝时期，阎立本的《萧翼赚兰亭图》、周昉的《调琴啜茗图》等。历代茶画内容大多描绘采茶、煮茶、奉茶、品茶、以茶会友、饮茶用具等。茶画反映了当时的茶风茶俗，是茶文化的一部分，也是研究茶文化的珍贵资料；这些茶画组成一部中国几千年茶文化历史图录，具有很高的欣赏价值。

💗 茶疗养生

葡萄美容茶

【材料】葡萄100g，阳羡雪芽5g，白糖适量。

【做法】将葡萄洗净，与白糖混合，加入适量冷开水后拌匀；以沸水泡茶，将两者混合即可。

【茶疗功效】日常保健饮用，有减脂、美容等功效。

☕ 妙用保健

坚齿：阳羡雪芽含氟，氟离子与牙齿表面的钙质结合，能形成一种较难溶于酸的"氟磷灰石"，使牙齿变得坚固。

养颜：阳羡雪芽含有维生素E，能促进人体细胞的再生并保持其活力，长期饮用可使皮肤光滑细嫩。

清热：阳羡雪芽含有芳香类物质，可以使茶叶发出香气，加上儿茶素和叶绿素，饮用阳羡雪芽有清热、消暑生津的作用。

品饮赏鉴

①准备

玻璃杯或瓷杯1个，阳羡雪芽2～3g，茶匙1把等。

②投茶

用茶匙把阳羡雪芽放入玻璃杯。

③冲泡

以85℃左右的水冲茶时，使水壶有节奏地三起三落，像是凤凰在向客人点头致意。

④分茶

把泡好的茶汤倒入茶杯，以七分满为宜。

⑤赏茶

在热水的浸润下，茶芽慢慢舒展，茶叶在杯中翩舞，茶香随之飘散。

⑥品茶

细啜慢咽，茶汤醇厚甘鲜，韵味无穷。

茶点茶膳

阳羡雪芽面条

材料

阳羡雪芽20g，开水、面粉、配菜、调料各适量。

制作

① 将茶叶用纱布包好，待开水冷却到约80℃时，将茶包放入水中浸泡10分钟后取茶汁；若茶叶较粗老，用水量可略多。

② 用茶汁和面，再按制作面条的程序进行擀片、切条，制出茶汁面条。

③ 将面条入开水锅内煮至八成熟时加入配菜，熟后捞出后按个人口味加入调料即可食用。

口味

清新爽口，风味独特。

竹叶青茶

护眼通便 祛斑养颜

竹叶青茶产于山势雄伟、风景秀丽的四川峨眉山。海拔 800~1 200m 的峨眉山山腰的万年寺、清音阁、白龙洞、黑水寺一带是盛产竹叶青茶的好地方。这里群山环抱，终年云雾缭绕，十分适宜茶树的生长。竹叶青茶一般在清明前 3~5 天开采，标准为一芽一叶或一芽二叶初展，鲜叶嫩匀，大小一致。适当摊晾后，经高温杀青、三炒三晾，采用抖、撒、抓、压、带条等手法做形干燥，使茶叶具有扁直平滑、翠绿显毫、形似竹叶的特点；再进行烘焙，令茶香四溢，成茶外形美观，品质十分优异。

性状
叶底嫩绿。

汤色
黄绿清亮。

品鉴指数 ★★★★

口味
滋味浓厚甘爽。

适宜人群
一般人群都可饮用，特殊禁忌者除外。

主要功效
提神，护眼，利尿，通便，养颜。

性状特点
翠绿显毫，形似竹叶。

挑选储藏

挑选优质竹叶青茶时，最好到可以提供泡饮的店里。优质竹叶青茶汤黄绿清亮，叶底嫩绿如新，茶性清雅，口味甘爽。储藏时，可将竹叶青茶装入无异味的食品包装袋中，然后放入冰箱，这种方法保存时间长、效果好，切记要密封食品袋口，以保证茶的质量。

制茶工序

竹叶青茶的制作工序为：采摘一芽一叶或一芽二叶初展的芽茶；将嫩芽放在竹筛或纱筛里摊晾；杀青时锅温为 100 ~ 120℃，每锅投茶芽约 300g，杀匀杀透变熟约 5 分钟后，将锅温降至 80℃左右理条，直到茶芽八成干，起锅摊晾；干燥时将茶芽重入锅内，每锅投茶芽 300~500g，锅温 80℃，用手按顺时针方向反复做钩、压、磨、挡、吐运动，整形至每个茶芽扁平直滑、干燥香脆即成。

🍵 评茶论道

随着茶文化的不断传播，邮票也成为茶文化的载体。1994年，王虎鸣设计的以紫砂名壶为题材的纪念邮票发行。这套邮票一共4枚，底色为灰色，上有中式信笺的线框，邮票上有行草书写的梅尧臣、欧阳修、汪森、汪文伯关于紫砂壶的名句。图的上方有女篆刻家骆芃芃的四方印章：圆不一相、方非一式、泥中泥、艺中艺。

❤ 茶疗养生

罗汉茶

【材料】罗汉果20g，竹叶青茶2g。

【做法】将罗汉果洗净，加水煮沸，5~10分钟后加入竹叶青茶，续煮1~2分钟后即可饮用。

【茶疗功效】清热，化痰，止咳，可缓解风热感冒引起的咳嗽。

☕ 妙用保健

提神护眼： 竹叶青茶含有维生素A，对常在电脑前办公的人来说，饮竹叶青茶可以帮助提神、保护视力。

利尿通便： 竹叶青茶中的茶多酚可促进胃肠蠕动，茶多酚被人体吸收，能利尿通便，使人体内的有害物质及时被排出体外。

祛斑养颜： 竹叶青茶含有维生素C和皂苷化合物等，长期饮用竹叶青茶不仅可以润肠清脂，还可排毒，促进皮肤光滑，助力美白祛斑。

1 准备

玻璃杯或瓷杯1个，茶盘1个，竹叶青茶2~3g，茶匙1把等。

2 投茶

用茶匙把茶盘中的2~3g竹叶青茶轻轻地拨入杯中。

3 冲泡

向玻璃杯中注入80~90℃的热水，让茶叶被充分浸润。

4 分茶

将杯中的茶汤倒入茶杯，以七分满为宜。

5 赏茶

茶芽在杯中渐渐舒展，茶烟随之飘散，茶香四溢。

6 品茶

小口细啜，让茶汤和舌头充分接触，唇齿留香。

茶点茶膳

茶味白切鸡

材料

活鸡1只，竹叶青茶15g，姜10g，蒜10g，盐、熟花生油、鸡精各适量。

制作

1 鸡宰杀、清洗干净，竹叶青茶泡好备用。

2 姜、蒜洗净捣成泥，加入盐、鸡精，做成调料汁。

3 将竹叶青茶倒入锅中，加入适量水烧沸，浸入鸡，煮约30分钟，将鸡捞出，放入冷开水中浸没冷却。

4 鸡取出晾干，在鸡皮上抹熟花生油，切块蘸汁食用即可。

口味

味道馨香，风味别致。

六安瓜片

抗癌抑菌 通便排毒

六安瓜片是中国十大名茶之一，产于安徽六安裕安区，以及金寨、霍山两县响洪甸水库周围地区，属片形烘青绿茶，又称"片茶"。六安瓜片是中国绿茶中唯一去梗、去芽的片茶。采摘一芽二三叶，及时掰片，老片、嫩叶分开炒制，制作工序有5道：生锅、熟锅、毛火、小火、老火。成茶呈瓜子形单片状，自然伸展，叶缘微翘，色泽宝绿；汤色清澈，滋味鲜醇回甘；叶底黄绿。其中金寨齐云山一带的茶叶，为瓜片中的佳品，冲泡后雾气蒸腾，有"齐山云雾"的美称。

性状
叶底黄绿明亮。

汤色
杏黄明净，
清澈明亮。

品鉴指数 ★★★★★

口味
滋味鲜醇，回味甘美，
伴有熟栗清香。

适宜人群
一般人群都可饮用，
特殊禁忌者除外。

主要功效
抗癌，抑菌，通便。

性状特点
外形平展，茶芽肥壮，叶缘微翘。

挑选储藏

从外形上看，优质六安瓜片均不带芽和茎梗，叶绿色光润，微向上重叠，形似瓜子，泡之水色碧绿。如味道较苦，则为伪劣产品。六安瓜片要密封避光储存，可选的容器有锡罐和铁皮罐。装前罐内垫一层绵纸或牛皮纸，且必须保持罐内清洁、干燥、无异味。

制茶工序

六安瓜片的制作工序较为独特，无法用机械加工，主要工具有生锅、熟锅、竹丝帚或芒花帚。具体工序为：采摘，标准为多采一芽二叶，可略带少许一芽三四叶；摘片，把采来的新鲜茶叶与茶梗分开，摘片时要用手将断梢上的第一叶到第三四叶和茶芽一一摘下，随摘随炒；把叶片炒开，先"拉小火"，再"拉老火"，直到叶片白霜显露，色泽翠绿均匀，茶香充分散发时，才可以趁热将其装入容器中，并密封储存。

🍵 评茶论道

　　中国各地茶馆遍布，形成了独具特色的茶馆文化。茶馆是一个多功能的社交场合，是反映社会生活的一面镜子。人们可以在茶馆里听书、看戏、交友、品茶、赏花赛鸟、谈天说地、打牌下棋、读书看报等。过去，人们还在茶馆调解社会纠纷、洽谈生意、看货交易等。

❤ 茶疗养生

鲜果茶

【材料】柳橙、苹果各半个，金橘 3 个，水 600ml，冰糖 20g，六安瓜片 2g。

【做法】水煮开后放入六安瓜片、冰糖，煮至冰糖溶化；将 3 种水果洗净，柳橙、苹果去皮后与金橘共同切丁；把水果丁放入茶汤中搅拌均匀即可。

【茶疗功效】增加血管弹性，保持细胞健康，润喉清嗓，养颜美容。

🍵 妙用保健

　　抗癌： 六安瓜片含有茶多酚，能够抑制人体内致癌物亚硝基化合物的形成。

　　抑菌： 六安瓜片中的醇类、醛类、酯类、多酚类等有机化合物，对人体的多种病菌都有一定的抑制和灭杀功效。

　　通便： 六安瓜片中的茶多酚可促进胃肠蠕动，茶叶经冲泡后，释出的茶多酚被人体吸收，能达到通便的目的。

① 准备

　　透明玻璃杯或瓷杯 1 个，六安瓜片 2 ~ 3g，茶匙 1 把等。

② 投茶

　　用茶匙把六安瓜片放入杯中。

③ 冲泡

　　采用下投法（先放茶再加水）把 80 ~ 90℃的纯净水注入玻璃杯中，2 分钟后出完茶汤留根，续水。

④ 分茶

　　将茶水分倒入茶杯中，以七分满为宜。

⑤ 赏茶

　　随着茶叶舒展开，茶汤变为杏黄，叶底黄绿明亮。

⑥ 品茶

　　小口慢品茶汤滋味，领略茶韵，齿颊留香、身心舒畅。

茶点茶膳

酥香小饼

材料

　　小麦面粉 100g，鸡蛋 1 个，葵花籽仁、奶粉、绿茶粉、奶油、酵母、黄油各适量。

制作

① 将面粉和奶油混合在一起，打入鸡蛋液。

② 加入葵花籽仁、奶粉、绿茶粉、酵母、黄油，搅拌均匀，加少许水，和成面团。

③ 将面团做成方形坯子，放入以 180℃ 预热好的烤箱烘烤 20 分钟，即可食用。

口味

　　酥软甘甜，有淡淡的茶香味。

太平猴魁

抵抗辐射 抑菌抗癌

太平猴魁是中国十大名茶之一，有"猴魁两头尖，不散不翘不卷边"之称。猴魁茶包括猴魁、魁尖、尖茶三个品类，以猴魁最好；猴魁叶色苍绿匀润，叶脉绿中隐红，俗称"红丝线"。品饮时，可以体会出"头泡香高，二泡味浓，三泡四泡幽香犹存"的悠悠茶韵。太平猴魁的采摘在谷雨至立夏，茶叶长出一芽三叶或四叶时开园，立夏前停采。采摘天气一般选择在晴天或阴天午前（雾退之前），午后拣尖。

性状
叶芽挺直，肥实。

汤色
清绿透明，有兰香味。

品鉴指数 ★★★★★

口味
滋味甘醇，爽口。

适宜人群
一般人群都可饮用，特殊禁忌者除外。

主要功效
提神，防辐射，抑菌抗癌。

性状特点
两头尖而不翘，不弯曲，不松散。

挑选储藏

优质的太平猴魁茶香醇厚，没有异味，手感紧实圆润，有沉重感且干燥，茶叶叶片形状整齐、色泽均匀。太平猴魁一般应密封储藏，温度最好保持在10℃以下。

制茶工序

太平猴魁采摘时间较短，每年只有15~20天。其制作工序分为杀青、毛烘、足烘、复焙4道。杀青时要求毫尖完整，梗叶相连，自然挺直，叶面舒展。毛烘共4步：一烘使叶子摊匀平伏；二烘使叶片平伏抱芽，外形挺直；三烘要达到边烘边捺的程度；四烘，当叶质不能再捺时可下烘摊晾。足烘主要是固定茶叶外形，经过5~6次翻烘，约九成干时，下烘摊放。复焙又叫"打老火"，边烘边翻，切忌按压。

🍵 茶之传说

古时一位山民采茶时，忽然闻到一股沁人心脾的清香。他环顾四周，发现在险峻的石缝间长着几株嫩绿的野茶，可无法摘到，但茶之嫩叶和清香始终萦绕其脑海，挥散不去。后来他训练了几只猴子，每到采茶的季节，就让它们攀岩采摘。人们品尝该茶后啧啧称赞，并称其为"茶中之魁"。因为该茶叶是猴子采来的，后人便取名为"猴魁"。

❤️ 茶疗养生

猴魁银耳茶

【材料】太平猴魁 5g，银耳、冰糖各 20g。

【做法】将太平猴魁冲泡后沥汁，与洗净的银耳和冰糖一起置于砂锅中，以小火熬至银耳软糯后食用。阴虚者服后卧床休息，至发汗即可减轻症状。

【茶疗功效】对阴虚久咳有一定的疗效。

🍵 妙用保健

防辐射：太平猴魁的细胞壁中含有脂多糖，可防电脑辐射，保护视力。

提神：太平猴魁含有生物碱，能使人体的中枢神经系统兴奋，令人精神振奋。

抗癌：太平猴魁含有维生素及茶多酚，能起到抑菌、防癌、抗癌的作用。

①　准备

紫砂壶 1 把，玻璃杯或瓷杯 1 个，太平猴魁 2 ~ 3g，茶匙 1 把，公道杯 1 个等。

②　投茶

用茶匙将太平猴魁放入紫砂壶。

③　冲泡

沿壶边冲 85℃ 左右的水至七分满，盖上壶盖，浸泡 2 分钟左右。

④　分茶

用公道杯将泡好的茶汤倒入茶杯至七分满。

⑤　赏茶

打开紫砂壶盖，欣赏太平猴魁的茶汤和叶面。

⑥　品茶

香气高爽，滋味甘醇，有独特的"猴韵"。

绿茶红豆月饼

材料

淀粉 20g，牛奶 190ml，糯米粉 45g，粘米粉 35g，白糖 50g，红豆沙 80g，绿茶粉、色拉油、糕粉各适量，月饼模具 1 个。

制作

❶ 在盆里倒入糯米粉、粘米粉、淀粉、红豆沙、牛奶、白糖、色拉油，搅拌成稀面糊。

❷ 稀面糊静置30分钟，入蒸锅蒸15~20分钟。将蒸熟的面糊用筷子搅拌至顺滑，待其冷却，加适量绿茶粉并搅匀成面团。

❸ 在手上拍点糕粉，将面团揉圆成馅球；模具里撒糕粉，馅球放进模具，用手掌压实，成型后脱模。

❹ 将做好的月饼放进冰箱，冷藏一晚即可食用。

口味

口感松软，滋味鲜美、甜润。

休宁松萝

清热防暑 护肝除臭

休宁松萝是历史名茶之一，创于明代，产自休宁县松萝山，属于炒青散茶。明代袁宏道曾有"徽有送松萝茶者，味在龙井之上，天池之下"的记述。松萝茶园多分布在松萝山海拔 600~700m 处，当地气候温和，雨量充沛，常年云雾弥漫，土壤肥沃，土层深厚。由于松萝山地域狭小，松萝茶的生长环境独特，产量受到了一定的限制，加之松萝茶有消积滞油腻、消火、下气、降痰的药用价值，市面上的休宁松萝产品总是供不应求。松萝茶以"色绿、香高、味浓"而著称。

性状
叶底绿嫩，芽叶匀齐成朵。

汤色
色泽绿明。

品鉴指数 ★ ★ ★ ★ ★

口味
滋味浓厚，有橄榄香味。

适宜人群
一般人群都可饮用，特殊禁忌者除外。

主要功效
清热护肝，除口臭。

性状特点
条索紧卷匀壮。

挑选储藏

优质的休宁松萝以二叶一心为佳，闻起来香味浓郁，颜色鲜绿有光泽，白毫较少，拿起来有分量且手感干燥。休宁松萝和其他绿茶一样，储存时要保持干燥，注意密封、避光、低温冷藏。

制茶工序

松萝茶采摘于谷雨前后，采摘标准为一芽一叶或一芽二叶初展。采回的鲜叶均匀摊放在竹匾或竹垫上，并将不符合标准的茶叶剔除。待青气散失，叶质变软，便可炒制，要求当天的鲜叶当天制作。

☕ 评茶论道

休宁松萝是我国著名的药用茶。《本经逢原》记载："徽州松萝，专于化食。"可看出松萝茶可以消积滞油腻。另据有关资料介绍，徽州休宁一带曾经流行伤寒、痢疾，初染病的患者，用沸水冲泡松萝茶频饮，三五日即可痊愈；病重者，用炒至焦黄色的糯米，加生姜片、食盐与松萝茶共煮后喝下，也有很好的疗效。较高的药用价值加上其产量有限，使得休宁松萝弥足珍贵。

♥ 茶疗养生

松萝桂圆茶

【材料】休宁松萝 2g，桂圆肉 20g。

【做法】将桂圆肉置锅中蒸约 10 分钟，再与休宁松萝同置于茶杯里，加沸水冲泡，分 3 次温服。日服 1 剂，或隔日 1 剂。

【茶疗功效】补气养血，滋养肝肾，可缓解贫血症状。

☕ 妙用保健

清热：休宁松萝含有茶单宁、糖类、果胶和氨基酸等成分，这些物质可以加快体内余热的排泄，达到清热消暑的目的。

预防脂肪肝：休宁松萝中的儿茶素可以降低胆固醇，具有降血脂及预防脂肪肝的功效。

除口臭：休宁松萝中含有芳香类物质，其芳香成分能除口臭。

品饮赏鉴

① **准备**

玻璃杯或瓷杯 1 个，休宁松萝 2 ~ 3g，茶匙 1 把等。

② **投茶**

用茶匙把休宁松萝茶轻轻地拨入茶壶内。

③ **冲泡**

以 85℃左右的水冲茶时水壶要有节奏地三起三落，让茶叶在茶杯中充分翻滚，使茶汤均匀。

④ **分茶**

将泡好的松萝茶倒入茶杯，七分满即可。

⑤ **赏茶**

松萝茶的"色重"得到淋漓尽致的体现，叶底颜色绿嫩。

⑥ **品茶**

"香重""味重"飘散，带有橄榄香，回味无穷。

茶点茶膳

奶香面包

材料

高粱粉 250g，高筋面粉 500g，鸡蛋 1 个，牛奶 300ml，奶粉、绿茶粉、酵母、冷开水、黄油各适量。

制作

❶ 将除黄油之外的材料混合，搅拌后揉成面团；将面团揉光滑后，再加入黄油继续揉到不粘手为止。

❷ 将面团分成每个50g的胚子，搓圆后静置，发酵约30分钟。

❸ 将发酵好的面团放到烤箱中层，以170℃的温度烘烤20分钟左右即可。

口味

香软可口，茶香宜人。

信阳毛尖

降胆固醇 消脂瘦身

信阳毛尖是河南著名特产，中国名茶之一，以"细、圆、光、直、多白毫、香高、味浓、汤色绿"的独特风格饮誉中外。采茶期分为三季：谷雨前后采春茶，芒种前后采夏茶，立秋前后采秋茶。谷雨前后采摘的少量茶叶被称为"跑山尖""雨前毛尖"，是毛尖珍品。信阳毛尖炒制工艺独特，用双锅变温法进行。信阳毛尖有消脂瘦身、清心明目的作用，远销日本、美国、德国、马来西亚、新加坡等20多个国家和地区。

性状
叶底嫩绿明亮，细嫩匀齐。

汤色
嫩绿鲜亮。

品鉴指数 ★★★★★

口味
滋味甘醇，清香高爽。

适宜人群
一般人群都可饮用，特殊禁忌者除外。

主要功效
降胆固醇，消脂。

性状特点
细秀匀直，显峰苗，鲜绿有光泽。

挑选储藏

购买信阳毛尖时，一定要当场泡开，从茶叶的色香味和外形上做一个全面的判断。优质信阳毛尖从干茶外形上看大小一致，白毫满披，色泽翠绿，触之有许多白毫粘在手上；刚泡好的茶香气清新高雅。储藏时要密闭后置干燥、无异味处，以冰箱冷藏为佳。

制茶工序

分手工制作和机械制作。前者包括：筛分、摊放、生锅、热锅、初烘、摊晾、复烘、毛茶整理、再复烘等具体工序；后者具体工序为：筛分、摊放、杀青、揉捻、解块、理条、初烘、摊晾、复烘。每年一度的"信阳毛尖传统手工炒制大赛"，从"外形、汤色、香气、滋味、叶底"等方面对参赛者进行评分，获得业界好评。

🍵 茶之传说

信阳官府、财主常欺压百姓，人们不但吃不好、穿不暖，还得了瘟病。春姑看着乡亲因瘟病死去，万分焦急。她四处寻医问药，因劳累染上瘟疫晕倒在小溪边。醒来时，她见神农氏送她一粒茶树种子，并告诉她："种子须在10天内被种进泥土。"为赶时间，神农氏将春姑变成画眉鸟，她飞回家乡种下树籽，却因耗尽心力，在茶树旁化成一块鸟形石头。茶树长大后，一群画眉用尖嘴啄下一片片茶叶，放进病者的嘴里，病人痊愈，自此有了信阳茶。

❤ 茶疗养生

美肤绿茶

【材料】信阳毛尖末3g，柠檬汁10ml。

【做法】用沸水冲泡信阳毛尖末，再将柠檬汁与茶水调和。

【茶疗功效】润泽肌肤，使皮肤富有弹性。

☕ 妙用保健

降胆固醇：信阳毛尖中的儿茶素类物质，对人体总胆固醇和甘油三酯均有一定的降低作用。常饮茶的人士，血液中的胆固醇含量往往比常人要低。

消脂：信阳毛尖中的儿茶素可减少人体对脂肪的吸收，促进脂肪酸的氧化分解，进而达到消脂的目的。

① 准备

玻璃壶或洁白瓷壶1个，茶杯1只，信阳毛尖3~5g，茶匙1把等。

② 投茶

先把茶杯预热，用茶匙把信阳毛尖放入玻璃壶中。

③ 冲泡

用80~90℃的水冲泡，第一道水倒掉（除茶土味和漂浮杂物），取第二道水。

④ 分茶

将泡好的毛尖茶倒入茶杯，以七分满为宜。

⑤ 赏茶

茶汤清澈明亮，茶芽挺立嫩绿。

⑥ 品茶

茶香清新高爽，品之甘甜醇厚。

茶果味豆浆

材料

黄豆80g，猕猴桃50g，信阳毛尖茶粉、蜂蜜各少许。

制作

❶ 黄豆洗净，提前泡发6~8个小时后备用。

❷ 猕猴桃洗净后去皮切成小块。

❸ 将黄豆和猕猴桃与信阳毛尖茶粉一起放入豆浆机，加水至上下水位线之间，按豆浆键开始制作。

❹ 豆浆做好后，滤渣，倒入杯中，加入蜂蜜调味即可。

口味

口感爽滑，茶香宜人。

华顶云雾

解乏醒脑 抗菌护齿

华顶云雾产自浙江天台山，以最高峰华顶所产的为佳，向来有"雾浮华顶托彩霞，归云洞口茗奇佳"的赞誉，故又称"华顶茶"。此地山谷气候寒凉，浓雾笼罩，土层肥沃，富含有机质，适宜茶树生长。华顶茶色泽绿润，且营养成分如氨基酸、维生素、多酚类等，含量比一般茶叶丰富。因此，华顶茶色香味好，药用价值也高；冲泡后，香气浓郁持久，滋味浓厚鲜爽，汤色嫩绿明亮，叶底嫩匀绿明，清怡带甘甜，饮之口颊留香。经泡耐饮，冲泡3次犹有余香。

性状
叶底嫩匀绿明，
茶芽匀齐成朵。

汤色
色泽嫩绿明亮。

品鉴指数 ★ ★ ★ ★

口味
滋味鲜醇，甘甜。

适宜人群
一般人群都可饮用，
特殊禁忌者除外。

主要功效
防龋齿，抗菌消炎，
提神醒脑。

性状特点
细紧弯曲，芽毫
壮实显露。

挑选储藏

优质华顶云雾颜色翠碧、鲜润。若茶叶色泽发暗、发褐，则茶叶内质已被不同程度地氧化，往往是陈茶；如果茶叶片上有明显的焦点、泡点（黑色或深酱色斑点），或叶边缘为焦边，这样的华顶云雾质量一般。储藏华顶云雾可用生石灰吸湿贮藏法，即选择密封容器（如瓦缸、瓷坛等），将生石灰块装在布袋里并置于容器内，将茶叶用牛皮纸包好放在布袋上，密封容器口并放于阴凉干燥处。

制茶工序

由于产地气温较低，茶芽萌发迟缓，采摘期在谷雨至立夏前后。采摘标准为一芽一叶或一芽二叶初展。它原属炒青绿茶，纯手工操作，后改为半炒半烘，以炒为主。鲜叶经摊放、高温杀青、散热摊晾、轻加揉捻、初烘失水、入锅炒制、低温烘焙等工序制成。

🍵 评茶论道

盖碗茶，是成都创制的一种茶饮，又称"盖碗"或"三炮台"。川人饮用盖碗茶很讲究。品茶时，用托盘托起茶碗，用盖子轻刮，吸吮而啜饮。若把茶盖置于桌面，则表示茶杯已空，茶博士应将水续满；若临时离开，只需将茶盖扣置于竹椅上，便不会有人误占座位。茶博士斟茶也有技巧，水柱临空而降，泻入茶碗，翻腾有声，须臾间，戛然而止，茶水恰和碗口平齐，无一滴溢出，观之可谓艺术享受。

❤ 茶疗养生

苹香养血茶

【材料】苹果 1/2 个，华顶云雾 2g，苹果粒 3g。

【做法】以 85℃左右的矿泉水冲泡华顶云雾，将苹果洗净后切片加入，再加入苹果粒，搅匀，滤出茶汁即可饮用。

【茶疗功效】常饮此茶，可改善贫血状况，因而此茶常用于辅助治疗营养不良造成的缺铁性贫血。

☕ 妙用保健

护齿固齿：华顶云雾含氟，氟离子与牙齿表面的钙质结合，能形成一种较难溶于酸的"氟磷灰石"，使牙齿变得坚固。

抗菌消炎：华顶云雾含有醇类、醛类、酯类等有机化合物，对人体的多种病菌都有抑制和灭杀的功效，因此华顶云雾有一定的抗菌消炎作用。

提神醒脑：华顶云雾含有生物碱，能令大脑皮层兴奋，可提神醒脑，使人感觉大脑清醒。

品饮赏鉴

① 准备

玻璃杯或瓷杯 1 个，华顶云雾 2 ~ 3g，茶匙 1 把等。

② 投茶

用茶匙将华顶云雾茶放入玻璃杯中。

③ 冲泡

先向杯中注少量 85℃左右的矿泉水，待茶芽舒展，再以高冲法注水。

④ 分茶

将泡好的华顶云雾依次倒入茶杯中，慢慢品饮。

⑤ 赏茶

茶叶舒展，色泽翠绿，茶汤清澈、嫩绿。

⑥ 品茶

茶香四溢，滋味鲜爽甘醇，令人回味。

茶点茶膳

绿茶冷面

材料

高筋面粉 600g，华顶云雾茶叶 25g，盐少许，葱丝、葱花、白芝麻各适量。

制作

① 以沸水冲泡华顶云雾茶叶，取茶汁冷却备用。

② 在面粉里放少许盐，加茶汁揉匀后，醒面 10 分钟，再揉至面团表面光滑。

③ 将面团擀成薄片，再切成细条。

④ 把面条煮熟后捞出，放入凉开水中浸泡，待冷却后捞起，加葱丝、葱花和白芝麻，可在食用时依个人口味加入其他调料。

口味

清香可口，风味怡人。

西山茶

抗菌利尿 减脂瘦身

西山茶产于著名风景区广西桂平西山。西山茶好，源于其树种和优越的自然环境。西山茶地朝东，阳光充足；地势较高，经常云雾缭绕，阳光被雾水折射，形成散射光，光照柔和；土质松软，富含天然磷，有乳泉水灌溉，茶叶生长繁茂。素有"山有好景，茶有佳味"之说。西山茶在立夏前和立秋后采摘，成品茶分为特级、一级、二级，根据茶的等级不同，采摘的要求也不同，但均要保持芽叶完整、新鲜匀净，不夹鳞片、鱼叶，不宜捋采和抓采。

性状
叶底嫩绿明亮。

汤色
碧绿清澈。

品鉴指数 ★ ★ ★ ★

口味
滋味醇厚，有花果香。

适宜人群
一般人群都可饮用，特殊禁忌者除外。

主要功效
抗菌，利尿，减脂。

性状特点
条索紧结匀称，峰苗显露。

挑选储藏

挑选西山茶时，要看茶叶的外形：看起来是不是完整、鲜嫩；同时也可以检查一下是否有发黄、发黑的茶叶夹杂在中间；茶叶整体看起来是否有光泽。如果茶叶的观感不好，则不要轻易听信商家的推荐，要相信自己的判断，不宜冲动购买。西山茶要低温干燥储藏，避免光照，杜绝挤压。

制茶工序

西山茶经摊晾、杀青、揉捻、初干、整形、足干、提香7道工序制成。摊晾时，春季需7~8小时，夏秋需3~4小时。杀青温度为200～250℃，需4~5分钟。用揉捻机"轻—重—轻"揉捻，约15分钟。初干时高温快烘，温度为110～120℃，烘至五六成干。整形时手工炒，每锅投叶600g，锅温50～60℃，翻炒至叶热软时，滚撩炒条5~10分钟。足干时低温慢烘，温度为70～100℃，烘至足干。提香温度由高到低，控制在50～70℃。

🍵 评茶论道

茶和戏剧有着很深的渊源，戏曲中有一种以茶命名的剧种——采茶戏。除了采茶戏，在其他的剧种中也有茶文化的渗入。如南戏《寻亲记》第二十三出《茶坊》就是昆剧的传统剧目；郭沫若创作的话剧《孔雀胆》将武夷工夫茶搬上了舞台，老舍的话剧《茶馆》就是以茶馆为背景，反映了一个家族、一个时代的兴衰。

♥ 茶疗养生

西山定惊茶

【材料】西山茶 3g，竹叶、灯芯草各 2g，蝉衣 2g。

【做法】将西山茶、竹叶、灯芯草、蝉衣放入锅中，加适量水煎煮约 15 分钟，当茶饮用即可。

【茶疗功效】清心除烦，对小儿夜啼、小儿惊厥、烦躁不安等有预防和调理的作用。

🍵 妙用保健

抗菌： 西山茶中的茶多酚和鞣酸作用于细菌，能凝固细菌的蛋白质，将细菌杀死。可用于辅助治疗肠道疾病，如霍乱、伤寒、痢疾、肠炎等。

利尿： 西山茶中的咖啡因和茶碱具有利尿作用，可用于治疗水肿。

减脂： 西山茶含有的茶多酚和维生素 C 能降低血液中的胆固醇和血脂浓度，常饮有减脂功效。

① 准备

透明玻璃杯和茶杯各 1 只，西山茶 2~3g，注水壶 1 个，茶匙 1 把等。

② 投茶

用茶匙将西山茶从茶仓中取出，将其放入玻璃杯中。

③ 冲泡

向杯中注少量 85℃ 左右的矿泉水，当茶芽舒展时，上下提拉水壶注水。

④ 分茶

将泡好的西山茶倒入茶杯，七分满即可。

⑤ 赏茶

茶汤碧绿明亮，茶叶舒展漂浮，茶香清爽淡雅。

⑥ 品茶

茶香沁人心脾，茶汁鲜醇回甘，令人陶醉。

茶香牛肉

材料

牛肉 1 000g，西山茶 20g，食用油、大葱段、姜片各适量，料酒、酱油、白糖各少许。

制作

❶ 将牛肉洗净后切成片，冷水下锅，煮至将沸时，撇去浮沫，改用小火煮 30 分钟，捞出洗净。

❷ 炒锅烧热，放入食用油，油热后下大葱段、姜片和牛肉片翻炒一下。

❸ 加入西山茶和剩余调味品，加清水，用大火烧沸后，改用小火焖约 1 小时，待牛肉熟烂、茶香扑鼻时，再改用大火收汁即成。

口味

口感酥软，茶香浓郁。

顾渚紫笋

抵抗辐射 抗菌防癌

顾渚紫笋产于浙江湖州顾渚山一带，因其鲜茶芽叶微紫，嫩叶背卷似笋壳，故而得名。早在唐朝广德年间开始以龙团茶进贡，被称为贡茶中的"老前辈"，"茶圣"陆羽称其"茶中第一"；明洪武八年，顾渚紫笋不再成为贡品，被改制成条形散茶；清代初年，紫笋茶逐渐消亡；直到改革开放后，才得以重现往昔光彩。

性状
叶底细嫩成朵。

汤色
清澈明亮，色泽翠绿带紫。

品鉴指数 ★★★★★

口味
甘鲜清爽，隐有兰花香气。

适宜人群
一般人群都可饮用，特殊禁忌者除外。

主要功效
抗癌，防辐射，抑菌。

性状特点
外形紧洁，色泽翠绿，银毫明显。

挑选储藏

选购时要注意茶叶新鲜度，新鲜的顾渚紫笋茶或芽叶相抱，或芽挺叶稍展，形如兰花。冲泡后，茶汤清澈明亮，色泽翠绿带紫，味道甘鲜清爽，隐隐有兰花香气。此外，应特别注意制造日期和保存期限，原则上越新鲜越好。家庭储藏此茶，可采用生石灰吸湿储藏。选择密封性能好的茶叶罐，将生石灰装在布袋里并封好口，将茶叶用牛皮纸包好，与生石灰布袋一同放在容器内，置于阴凉干燥处即可。

制茶工序

每年清明至谷雨期间是顾渚紫笋茶的采摘期，其标准为一芽一叶或一芽二叶初展，后经摊青、杀青、理条、摊晾、初烘、复烘等工序制成。制成的极品茶芽叶相抱似笋；上等茶芽嫩叶稍展，形似兰花。

🍵 评茶论道

顾渚山位于浙江长兴县西北，是著名的茶山。顾渚山有处明月峡，悬崖峭壁，瀑布倾泻，此地茶叶品质上佳。当地的金沙泉，是煮茶的上佳水品，古有"顾渚茶，金沙水"的说法。顾渚山南麓有处长兴贡茶院，是唐代制作顾渚紫笋茶的作坊，被称为"顾渚贡焙"，现只留残迹，唯有一碑作纪念。

❤ 茶疗养生

玉米须绿茶

【材料】玉米须100g，顾渚紫笋3g。

【做法】将玉米须用300ml水煎汤，取汁，趁热冲沏顾渚紫笋茶。每日一剂，分3次温饮。

【茶疗功效】利胆、利尿，清热降糖，可用于辅助治疗糖尿病。

🍵 妙用保健

抗癌：顾渚紫笋中的茶多酚是一种抗氧化剂，也是一种自由基强抑制剂，进入人体后，可降低致癌物的活性，达到抗癌的目的。

防辐射：顾渚紫笋茶中含有防辐射物质，对人体的造血机能有较好的保护作用，可减少电脑辐射产生的危害。

抑菌：顾渚紫笋茶叶有抗菌作用，如由细菌引起的急性腹泻，可通过适量饮用顾渚紫笋茶减轻症状。

品饮赏鉴

① 准备

透明玻璃杯和茶杯各1只，顾渚紫笋2~3g，茶匙1把等。

② 投茶

用茶匙把顾渚紫笋轻轻地投入玻璃杯中。

③ 冲泡

注入80~90℃的矿泉水，让舒展的茶芽在杯中浮动翻腾。

④ 分茶

将泡好的顾渚紫笋茶倒入茶杯，七分满即可。

⑤ 赏茶

茶叶翠绿细嫩，茶汤嫩绿明亮。

⑥ 品茶

隐约有兰花的香气，品之回味鲜爽甘醇。

茶点茶膳

剁椒鱼头

材料

鱼头1个，青椒、红椒各1个，洋葱、蒜、生姜、葱花、盐、酱油、食用油、顾渚紫笋茶末、辣椒酱、料酒各适量。

制作

❶ 将鱼头洗净，剖开，以盐和料酒腌渍入味；将洋葱、蒜、生姜洗净切片，青、红椒洗净切丁。

❷ 炒锅置于旺火上，放油，倒入洋葱、蒜、生姜、辣椒酱煸香后盛出。

❸ 将炒好的酱与茶末、酱油混合调匀，抹在鱼头上，鱼头置锅中蒸10分钟后端出；将青、红椒丁用油煸炒后，趁热浇在蒸好的鱼头上，撒上葱花即成。

口味

味美浓郁，辣咸适口。

金山翠芽

防癌抗癌 提神醒脑

金山翠芽是江苏省创制的名茶，以大毫、福云6号（小乔木大叶型茶叶品种）等无性系茶树品种的芽叶为原料，发挥现代制茶工艺制作而成。其采摘期为谷雨前后，采摘标准为芽苞或一芽一叶初展，芽叶长3cm左右。要求芽叶嫩度一致、匀净、新鲜无损。采回的鲜叶，薄摊在竹匾内置于阴凉通风处，经过3小时左右摊晾方可炒制。成品金山翠芽扁平匀整、色翠显毫，滋味鲜醇，汤色嫩绿明亮、叶底肥壮、嫩绿。

性状
叶底肥匀嫩绿。

汤色
嫩绿明亮。

品鉴指数 ★★★★

口味
鲜醇浓厚，高香扑鼻。

适宜人群
一般人群都可饮用，特殊禁忌者除外。

主要功效
抑癌，提神醒脑，利尿。

性状特点
扁平挺削匀整，黄翠显毫。

挑选储藏

挑选金山翠芽时，一要看其包装标识，按照《食品通用包装标准》，茶叶包装上必须有品名、执行标准、净重、生产日期、保质期、制造商、地址等；二要看金山翠芽茶外形，扁平挺削匀整、色翠显毫者佳，如遇有色泽过绿、茸毛过多、芽叶细小者，就为劣质产品。金山翠芽要低温干燥储藏，避免强光照射。

制茶工序

金山翠芽的炒制工序分为初炒、摊晾、复炒3道。一般采用手工炒制，在锅内进行，手法灵活、多样，讲求一气呵成。初炒的目的是破坏酶的活性，蒸发水分，理条做形。将茶理直做扁后形状基本形成，约七成干时，起锅摊晾。摊晾后开始复炒，炒后继续理条做扁。随茶叶干度增加，锅温下降，在锅壁轻巧地滚炒茶叶。当茶叶表面扁直平滑，含水量为6%左右时，起锅摊晾，分筛割末后即可包装储藏。

评茶论道

1607年，荷兰人从中国澳门贩茶转运欧洲，茶在欧洲被传播开。被初运至欧洲的茶多绿茶，后多武夷茶、红茶。1662年，葡萄牙凯瑟琳公主嫁给英皇查理二世，把饮茶风气带入英国宫廷。18世纪中叶，英国人早餐较丰盛；午餐较简单，在下午1点左右；晚餐最丰盛，在晚上8点左右。午餐与晚餐相隔较长，斐德福公爵夫人常在下午5点左右喝茶、吃糕点。贵妇纷纷仿效，下午茶成为时尚。

茶疗养生

双黄绿茶

【材料】绿茶、生地各15g，黄连、黄芩各3g，升麻18g。
【做法】将5种材料加适量水煎汁即可服用，日服3次。
【茶疗功效】对治疗偏头痛有一定的帮助。

妙用保健

利尿： 金山翠芽含有大量咖啡因，具有很强的利尿作用，不仅可预防肾结石的形成，还可降低胆固醇。

抑癌： 金山翠芽含有茶多酚，能够抑制人体内致癌物亚硝基化合物的形成，有一定的防癌、抗癌功效。

提神： 金山翠芽含有茶碱和咖啡因，能兴奋大脑皮层，振奋精神。

❶ 准备

玻璃杯和茶杯各1只，金山翠芽2～3g，茶匙1把，茶漏斗1个等。

❷ 投茶

投置金山翠芽较为特殊，应将茶漏斗放在壶口处，然后用茶匙拨茶入壶。

❸ 冲泡

将80~90℃的矿泉水注入壶中，直至泡沫溢出壶口。

❹ 分茶

将茶汤倒入茶杯，以七分满为宜。

❺ 赏茶

茶叶在壶中上下翻腾，茶香四溢，茶汤嫩绿明亮。

❻ 品茶

慢慢细酌，清香润口，脆嫩润喉，回味甘醇。

茶点茶膳

红烧翠芽大排

材料

欧芹8g，金山翠芽5g，猪排500g，盐、酱油、料酒、白糖、水淀粉、食用油各适量。

制作

❶ 将排骨洗净后剁成段，放入盐、酱油、料酒、白糖后腌30分钟；欧芹洗净备用。

❷ 将金山翠芽泡开，捞出控干水分。

❸ 锅中放食用油，烧至五六成热时，放入茶叶，炸至香酥时捞出，火调小。

❹ 油温降至四成热时，放入腌好的猪排，炸至金黄色捞出；将油温升至六成热，放入猪排复炸至熟，捞出控油。

❺ 锅留底油，待油温降至三成热时，放入猪排、茶叶，翻炒均匀，以水淀粉勾芡，起锅装盘，用欧芹装饰。

口味

骨肉酥软，香气浓醇。

安化松针

降脂护齿 抵抗辐射

安化松针产于湖南安化，外形挺直、细秀、翠绿，形似松树针叶，是我国特种绿茶中针形绿茶的代表。其产区在雪峰山脉北段，属亚热带季风气候区，温暖湿润，土质肥沃，雨量充沛，溪河遍布，非常适合茶树的生长。安化松针的采摘较为讲究，在清明前采摘一芽一叶初展的幼嫩芽叶，并且要保证没有虫伤叶、紫色叶、雨水叶、露水叶等；为保证成品茶的整齐，不能有节间过长或特别粗壮的芽叶。该茶冲泡后香气浓厚，滋味甘醇；茶汤清澈碧绿，叶底匀嫩，耐泡。

性状
叶底翠绿匀整。

汤色
色泽碧绿，
清澈明亮。

品鉴指数 ★★★★★

口味
滋味甘醇，香气浓厚。

适宜人群
一般人群都可饮用，
特殊禁忌者除外。

主要功效
降血脂，护齿，防辐射。

性状特点
外形挺直、细秀，
状似松树针叶。

挑选储藏

优质安化松针外形挺直秀丽，状如松针；翠绿匀整，白毫显露。

此外，挑选安化松针时要特别注意"尿素茶"——茶农喷尿素溶液的目的是催化茶叶生长，但这样的茶叶质量不合格。安化松针要避免强光照射，低温储藏，有条件者可密封包装后存于−5℃的冰箱中。

制茶工序

安化松针有8道制作工序：鲜叶摊放、杀青、揉捻、炒坯、摊晾、整形、干燥、筛拣。鲜叶摊放指将采摘的茶叶置于阴凉、通风处，使其水分轻度蒸发；手工或杀青机杀青要无红梗、红叶及焦尖、焦边叶；揉捻既要有茶汁溢出，初步成条，又要保护芽叶完整；炒干要求蒸发水分，浓缩茶汁；摊晾要求茶叶水分分布均匀；整形要求茶叶细长、紧直、圆润，色泽翠绿、显毫；干燥是用微型烘干机烘干；筛拣使产品品质规格化，达到包装后可出厂的要求。

📋 评茶论道

中国古人认为，人的肉体死后，灵魂将以鬼神的形式继续生活。于是，古人专门为死者修建地下墓室，里面摆放生活器具，以供鬼神享用。因此，墓葬茶画的出现也不意外。1972年，长沙马王堆山上的西汉墓葬茶画《仕女敬茶图》，为我国古代饮茶文化之久远提供了新的依据。宣化辽墓茶画中，对碾茶、煮茶、点茶工序和多种茶食用具都有详细刻画，对研究中华茶文化很有帮助。

💛 茶疗养生

丹参绿茶

【材料】丹参、松针茶、何首乌、泽泻各2～3g。

【做法】将丹参、松针茶、何首乌、泽泻加水煎制，去渣后即可饮用。

【茶疗功效】有助于抑制腰部脂肪的堆积，保持腰部的曲线。

🍵 妙用保健

降血脂：安化松针中的儿茶素具有抗氧化作用，长期饮用对降血脂、预防心血管疾病有很好的帮助。

防辐射：安化松针含有脂多糖，上班一族长期饮用，有较好的防辐射功能。

护齿：安化松针含有氟，如长期用这种茶漱口，不仅能去除口腔异味，还能防蛀固齿。

品饮赏鉴

❶ 准备

透明玻璃杯或瓷杯1个，茶杯1个，安化松针2～3g，茶匙1把等。

❷ 投茶

用茶匙把茶叶轻轻放入准备好的玻璃杯中。

❸ 冲泡

按照1:50的比例为干茶注入85℃左右的矿泉水，待干茶吸水舒展时，再充分注水。

❹ 分茶

将泡好的茶汤倒入茶杯中，以七分满为宜。

❺ 赏茶

汤色碧绿，清澈明亮，叶底匀嫩，茶香四溢。

❻ 品茶

细品慢啜，体会齿颊留香、滋味甜醇之感。

茶点茶膳

茶叶馒头

材料

安化松针茶3g，高筋面粉200g，发酵粉适量。

制作

❶ 将安化松针茶泡成浓茶汁，晾至35℃；将发酵粉放入茶汁中化开。

❷ 用发酵茶汁和面，揉至面团不粘手且表面光滑；用湿布盖好醒面，时间视室温而定，当面团里出现均匀小孔时即可。

❸ 将发好的面揉匀，醒一会儿，使面团更光滑。

❹ 将面团揉透、揉匀后搓成长条，切成方块、揪成剂子或揉成圆馍，还可依个人口味包入各种馅。

❺ 锅中加水，水沸后将馒头置于笼屉上，中火蒸20分钟，关火取出即可。食用时可按个人喜好搭配蘸酱。

口味

松软可口，茶香浓郁。

桂林毛尖

去油解腻 消暑解毒

桂林毛尖产于广西桂林尧山一带。茶区属丘陵山区，海拔3 000m左右，园内渠流纵横，气候温和，年均温度18℃,年均降水量1 800mm,无霜期可达300天，春茶期雨多雾浓，有利于茶树生长。毛尖鲜叶于三月开采，至清明前后结束。特级和一级茶要求一叶一芽新梢初展，芽叶要完整、无病虫害，不同等级分开采摘，经摊放、杀青、揉捻、干燥、复火提香等工序制作而成。复火提香是毛尖茶的独特工序，即在茶叶出厂前进行一次复烘，达到提升香气的目的。

性状
叶底嫩绿明亮。

汤色
碧绿清澈。

品鉴指数 ★★★★

口味
滋味醇和鲜爽。

适宜人群
一般人群都可饮用，特殊禁忌者除外。

主要功效
去油解腻，消暑，缓解烟毒。

性状特点
条索紧细，白毫显露，色泽翠绿。

挑选储藏

优质桂林毛尖茶叶色泽翠绿，条索紧细，白毫显露，香气清高；干茶含硒量较高，每克毛尖茶叶中约含0.146微克的硒。茶叶泡好之后，汤色碧绿，香高持久，滋味鲜灵回甘。储藏桂林毛尖要保持干燥，密封、低温冷藏，可以放在冰箱内冷藏。避免阳光照射，杜绝外力挤压。

制茶工序

三月初至清明前后采摘，要求一叶一芽新梢初展，鲜叶不能损伤、堆沤、暴晒。采后摊晾3~6小时，避免阳光直射。杀青时锅温约260℃，投叶量500g，至茶叶清香显露，叶片较干爽卷成条即可。揉捻经空揉、轻压、空揉、出茶。干燥分毛火和足火两次，毛火温度约120℃，约1分钟；足火温度约80℃，约10分钟，成茶含水量控制在6%以内。

🍵 茶之传说

相传很早以前，石姬仙姑看不惯天上权贵作威作福，离开仙境来到人间，在井冈山的一个小村落脚。村里人都善良好客，拿出他们的上等好茶来接待石姬，她深受感动，就长住了下来。石姬向村民学习种茶与制茶。经过几年努力，石姬种的茶树长势良好，制作出的茶叶品质上乘，口感甘甜可口，销路不断扩大，村民的生活得到了很大的改善。为了纪念石姬，后人就把这个村叫作"石姬村"。

💗 茶疗养生

木瓜养胃茶

【材料】木瓜干3g，桂林毛尖茶粉2g。
【做法】将木瓜干放在锅里，加适量水煎煮；然后用煎好的木瓜干水冲泡桂林毛尖茶粉，每日饭后饮用。
【茶疗功效】健脾养胃，清热消食。

☕ 妙用保健

解腻： 饱食油腻食物后，人们往往会胸怀烦闷，郁结不开，这时喝一杯浓浓的桂林毛尖，胸腹间会有豁然清新之感，因桂林毛尖可去油解腻。

消暑： 在炎热的夏季，饮用桂林毛尖热茶，能够起到消暑的作用，这是因为茶叶内的咖啡因可以加快人体新陈代谢，带走人体内过多的热量。

缓解烟毒： 桂林毛尖中的茶多酚、维生素C等物质可分解人体内的有毒物质，吸烟者多饮此茶，可起到缓解烟毒的功效。

品饮赏鉴

① 准备

透明玻璃杯或瓷杯1个，茶杯1个，茶匙1把，桂林毛尖2~3g，茶巾1条等。

② 投茶

用茶匙将桂林毛尖轻轻地放入玻璃杯中。

③ 冲泡

用矿泉水冲泡干茶，水温保持在80~90℃。

④ 分茶

将泡好的茶汤倒入茶杯中，七分满即可。

⑤ 赏茶

茶叶舒展，叶底完整嫩绿，茶汤清澈明亮。

⑥ 品茶

慢酌细饮，清爽甘醇，茶香飘散。

茶点茶膳

茶味丸子汤

材料

桂林毛尖茶粉1匙，肉糜100g，高筋面粉50g，土豆、胡萝卜、香菜、盐、香油、胡椒粉各适量。

制作

❶ 土豆去皮洗净切块，胡萝卜洗净切片，香菜洗净切碎。

❷ 将肉糜、高筋面粉、桂林毛尖茶粉、适量盐、胡椒粉放在一起，加水搅拌均匀，捏成小丸子。

❸ 锅中加水，水沸后放入丸子煮至半熟，加入土豆、胡萝卜，煮至丸子熟，调入剩余盐和香油，撒上香菜即可。

口味

气味香浓，营养丰富。

顶谷大方

提神醒脑 美容护肤

顶谷大方又称"竹铺大方""竹叶大方"，产于安徽黄山市歙县的竹铺、金川等地，尤以竹铺乡的老竹岭、大方山和金川乡的福泉山所产的品质为佳。大方茶园，一般在海拔千米以上，山势险峻，峰峦叠嶂，竹木遍植，云雾萦绕，雨量充沛。同时，此地土质优良，表层乌沙，中层红黄壤，呈酸性，非常适宜茶树的生长。顶谷大方在谷雨前采摘，采摘标准为一芽二叶初展。可采摘春、夏、秋三季，其中以春茶最好。

性状
叶底嫩匀，
芽叶肥壮。

汤色
清澈微黄。

品鉴指数 ★★★★

口味
滋味醇厚爽口，有板栗香。

适宜人群
一般人群都可饮用，特殊禁忌者除外。

主要功效
提神，呵护血管，美容。

性状特点
外形扁平匀齐，挺秀光滑，翠绿微黄。

挑选储藏

挑选顶谷大方时，首先看它的颜色，新鲜的顶谷大方色泽翠绿微黄，有光泽。其次要闻其味，质优者有淡淡的板栗香。如条件允许，还可以观察茶汤的颜色，品尝味道，新鲜顶谷大方泡出来的茶汤色泽微黄，有清香，口感甘醇爽口。储藏顶谷大方应该注意防潮、防高温，避免阳光直射。

制茶工序

顶谷大方的制作工序有采摘、杀青、揉捻、做坯、拷扁、辉锅6道。采摘时要求鲜叶以一芽二三叶为主；杀青是将鲜叶倒入锅中，用双手迅速翻拌，炒至叶子柔软时起锅；揉捻是用手揉，也可用小型机揉，形成匀直的条形；做坯是将茶叶炒至不粘手时，用烤拍手法做坯。当茶半干时，再用手拨捺茶坯，沿锅壁左右转炒，后起锅摊晾。辉锅方法与拷扁基本相同，此时动作宜轻，以防茶叶断碎。最后装罐密封储藏。

🍵 评茶论道

早在 17 世纪初期，荷兰商人就凭借航海的便利，远涉重洋从中国装运绿茶至爪哇，再辗转运至欧洲。最初，茶只是宫廷社交礼仪中的一种奢侈饮品，之后，逐渐风行于上流社会，人们视茶为尊贵和风雅的象征。现在的荷兰人，赏茶之风犹在，经常以茶会友——很多家庭都有一间茶室，待客时会请客人挑选心仪的茶叶，主人通常会为客人们一人准备一壶茶。饮茶时，客人为了表示对主人泡茶技艺的赞赏，通常会发出"啧啧"声。

💗 茶疗养生

决明子茶

【材料】顶谷大方茶 3g，决明子 10g，冰糖 25g。
【做法】先将决明子炒至起鼓状备用；将炒好的决明子、顶谷大方茶和冰糖共置杯中，以沸水冲泡，分 3 次于饭后服。
【茶疗功效】清热，明目。

🍶 妙用保健

提神： 茶中的咖啡因能促使人体中枢神经兴奋，增强大脑皮层的兴奋程度，起到提神益思、清心的作用。

抑制心血管疾病： 茶多酚对人体脂肪代谢有重要作用。人体内的胆固醇、甘油三酯等含量过高，会使血管内壁脂肪沉积，形成动脉粥样化斑块等心血管疾病，顶谷大方中的茶多酚可清理血管内的油脂，因此可抑制心血管疾病的发生。

美容： 茶多酚是水溶性物质，用顶谷大方茶水洗脸能清除面部油脂，收敛毛孔，起到抗皮肤老化、减少紫外线辐射对皮肤的损伤等功效。

品饮赏鉴

① 准备

透明玻璃杯或洁白瓷杯 1 个，顶谷大方 3g，茶匙 1 把等。

② 投茶

用茶匙把茶叶轻轻拨入玻璃杯。

③ 冲泡

先注入少量矿泉水浸润茶芽，待茶叶舒展，再注入 80 ~ 90℃ 的矿泉水。

④ 分茶

将茶汤倒入茶杯，以七分满为宜。

⑤ 赏茶

舒展的茶叶匀嫩、肥壮，茶汤黄绿清亮。

⑥ 品茶

缕缕清香扑面而来，细啜后更觉甘泽润喉，齿颊留香。

茶点茶膳

茶味玉米饼

材料

玉米粉 500g，麦芽糖 150g，白糖、顶谷大方茶粉、食用油、水各适量。

制作

❶ 麦芽糖中加水，倒入锅中烧开。

❷ 糖水沸腾后关火，稍冷却，倒入盆中，加入玉米粉、顶谷大方茶粉、白糖并拌匀；继续揉成面团。

❸ 将面团分成适当大小的剂子，并擀成一个个的厚片。

❹ 锅中入食用油，将厚片面团煎至两面金黄色即可食用。

口味

口感酥软，香甜可口。

安吉白片

防癌减脂 抗菌抑菌

安吉白片又称"玉蕊茶"。茶园地处高山深谷，昼夜温差大，土层深厚肥沃，晨夕之际，云雾弥漫，具有得天独厚的茶树生长环境。安吉白片的独特之处在于，春天时的幼嫩芽呈白色，以一茶二叶为最白，成叶后夏秋的新梢则变成绿色。民间俗称"仙草茶"，当地山民视春茶为"圣灵"，常采来治病。20世纪80年代，白片茶在安吉被成功研制出来，先后获得首届中国农业博览会铜质奖和杭州国际茶文化优秀奖，远销国内外。

性状
叶底成朵肥壮，芽叶朵朵可辨。

汤色
嫩绿明亮。

品鉴指数 ★★★★

口味
滋味鲜爽甘甜。

主要功效
防癌，抗菌，减脂。

适宜人群
一般人群都可饮用，特殊禁忌者除外。

性状特点
条索挺直略扁平，白毫显露。

挑选储藏

选安吉白片时先看茶叶匀度，匀度越好，质量越好。将茶叶倒入茶盘，手向一定方向旋转，不同形状的茶叶分出，匀度好的为优质茶。其次看茶叶松紧，紧而重实的质量好，粗而松弛、细而碎的质量差。再看净度，有较多茶梗、叶柄等杂质的质量差。储藏时应避强光，低温干燥保存，杜绝挤压。

制茶工序

安吉白片采摘后的制作有4道工序：杀青、清风、压片、干燥。杀青采用抓、抖、抛3种手势，目的是破坏酶的活性，阻止内含物变化和失水。清风的目的是散热保色，清除碎片，保持芽叶完整。压片是定形的关键工序。将清风后的芽叶均匀、不重叠地撒摊在竹匾上，再铺上干净的塑料薄膜，用力揿压，使全部芽叶成片带扁状。干燥分初烘和复烘两步，完成后就可摊晾、散热、包装储藏。

评茶论道

美国是世界上主要的茶叶进口国家之一，从我国进口的茶叶以红茶、绿茶、乌龙茶、花茶居多，近年来，绿茶所占的比重呈现逐年上升趋势。随着人们保健意识的增强，茶类饮品的需求也逐年上升，在美国家庭中尤以饮用冰茶者居多。冰茶一年四季皆可饮用，炎炎夏日，冰茶更是人们消暑解渴、恢复体力的良好选择。

茶疗养生

瓜蒌抗癌茶

【材料】瓜蒌5g，安吉白片2g，甘草3g。
【做法】将3种原料放在锅里加适量水煮沸，即可取汁饮服，一日2次。
【茶疗功效】对肺癌有一定的辅助治疗作用。

妙用保健

防癌： 安吉白片对某些癌细胞有一定的抑制作用。

减脂： 安吉白片中含有茶碱及咖啡因，可活化蛋白激酶及甘油三酯解脂酶，减少脂肪细胞在人体的堆积，达到减脂的功效。

抗菌： 研究显示，安吉白片中的儿茶素对引起人体致病的部分细菌有抑制效果，因此有一定的抗菌作用。

品饮赏鉴

1 准备

茶壶1个，茶匙1把，茶杯1个，安吉白片2～3g等。

2 投茶

用茶匙把安吉白片放入茶壶。

3 冲泡

先注入少量矿泉水浸润干茶，然后再备沸水，让水流直泻而下冲泡茶叶。

4 分茶

将泡好的茶分倒入茶杯中，以七分满为宜。

5 赏茶

汤色嫩绿明亮，叶底成朵肥壮。

6 品茶

高香持久，滋味鲜爽甘甜，使人心情舒畅。

茶点茶膳

香脆饼干

材料

糙米粉50g，低筋面粉100g，泡打粉20g，绿茶粉、杏仁、可可粉、鸡蛋、黄油、白糖各适量。

制作

❶ 将糙米粉、低筋面粉和泡打粉混合，加适量水，搅拌成糊状。

❷ 鸡蛋取蛋液；将黄油放入容器中，加入白糖、鸡蛋液、杏仁、可可粉、绿茶粉。

❸ 将❶与❷混匀，放入饼干模具里，入烤箱烘烤15～20分钟即可。

口味

口感酥脆，香甜可口。

双井绿茶

抵抗辐射 瘦身降压

双井绿茶产于江西修水县杭口镇双井村。双井茶已有千年历史，宋时被列为贡品，历代文人多有赞颂，北宋文学家黄庭坚曾赞"山谷家乡双井茶，一啜尤须三日夸"，并曾把该茶送给他的老师苏东坡。古代双井茶，属蒸青散茶类，如今双井茶属炒青茶。双井绿茶分为特级和一级两个品级。特级品由一芽一叶初展、芽叶长度为2.5cm左右的鲜叶制成；一级品由一芽二叶初展的鲜叶制成。

性状
叶底嫩绿匀净。

汤色
汤色清澈明亮。

品鉴指数 ★ ★ ★ ★

口味
滋味鲜醇爽口。

适宜人群
一般人群都可饮用，特殊禁忌者除外。

主要功效
防辐射，瘦身，降压。

性状特点
外形紧圆带曲，形似凤爪，银毫披露。

挑选储藏

优质双井绿茶的外形紧圆带曲，形似凤爪，色泽嫩绿，银毫披露。冲泡后，香气清高，香味持久，口感鲜醇爽厚。双井绿茶储藏时要避免强光照射，注意低温储藏，可密封后存于-5℃的冰箱中。

制茶工序

采摘一芽一叶初展、芽叶长度2.5cm左右的鲜叶后，经摊晾、杀青、揉捻、初烘、整形提毫、复烘6道工序制作而成双井绿茶。摊晾时薄摊2~5小时；铁锅杀青时每锅投叶150~200g，锅温为120～150℃，炒至含水60%左右为杀青适度；稍经揉捻后，即用烘笼进行初烘，烘温约80℃，烘至三成干，转入锅中整形提毫，待茶叶白毫显露，再用烘笼在60～70℃下烘焙，烘至茶叶能手捻成末，茶香显露，含水量为6%左右即为成茶。

🍵 茶之传说

相传江南有位嗜茶如命的老和尚，他和寺外杂食店的老板是谜友，俩人喜欢猜谜。一天老和尚突发茶瘾，谜兴大发，就让哑巴徒弟穿着木屐、戴着草帽去找店老板。店老板一看小和尚的装束，立刻明白了，拿给他一包茶叶。原来小和尚就是一道"茶"谜——头戴草帽，即为草字头；脚下穿木屐为木字底，小和尚代表"人"，合为"茶"字。

❤ 茶疗养生

莲子冰糖止泻茶

【材料】莲子 20g，双井绿茶 3g，冰糖适量。

【做法】莲子洗净后以温水泡 2 个小时，加冰糖后共炖至软烂；双井绿茶以沸水冲泡，取汁备用；将炖好的冰糖莲子倒入茶汁中拌匀即可。

【茶疗功效】杀菌止泻、养心安神，能调治受凉或饮食不当引起的腹泻。

☕ 妙用保健

防辐射：双井绿茶含茶多酚，茶多酚有解毒和抗辐射作用，被誉为"辐射克星"。

瘦身：双井绿茶含有咖啡因，可以活化蛋白激酶及甘油三酯解脂酶，减少脂肪细胞在人体内的堆积，达到瘦身的功效。

降压：双井绿茶含茶氨酸，茶氨酸具有宁心安神、降低血压的功效。

茶点茶膳

法式茶烙饼

材料

高筋面粉 250g，鸡蛋 2 个，白砂糖 6g，黄油 75g，牛奶 250ml，双井绿茶汁 500ml，朗姆酒 1 汤匙。

制作

① 把高筋面粉倒入容器中，放入白砂糖，鸡蛋取鸡蛋液后加入面粉，边搅边加水。

② 随着面团变稠，逐渐加入牛奶，充分搅拌后加入黄油和茶汁，揉至面滑而不黏时，加入朗姆酒。

③ 取锅烙饼；饼烙好后趁热在饼背面放一小块硬币大小的黄油，待黄油溶化被饼吸收后，即可食用。

口味

外酥里软，茶香怡人。

普陀佛茶

抗癌降压 杀菌养胃

普陀佛茶产于浙江普陀山，又称"普陀山云雾茶"。始于佛教兴盛的唐代，故此茶与佛教渊源颇深，普陀佛茶为传播中华茶文化与佛教文化发挥着不可替代的作用。普陀山地处舟山群岛，属温带海洋性气候，冬暖夏凉，四季湿润，土地肥沃，林木茂盛，日出之前云雾缭绕，为茶树的生长提供了十分优越的自然环境。普陀佛茶采摘期从每年清明以后 3~5 天开始，采摘要求非常严格，鲜叶为一芽一叶或一芽二叶初展，并且要匀、整、洁、清。

性状
芽叶成朵。

汤色
黄绿明亮。

品鉴指数 ★ ★ ★ ★

口味
滋味隽永，爽口宜人。

适宜人群
一般人群都可饮用，特殊禁忌者除外。

主要功效
养胃，降血压，抗癌。

性状特点
外形紧细，卷曲呈螺状。

挑选储藏

挑选普陀佛茶时，要特别注意其外观，好的普陀佛茶外形紧细，卷曲呈螺状，色泽绿润显毫，整齐均匀；如果茶梗、茶末和杂质量较多，茶叶多为次品。其储藏方法和一般绿茶相似，要低温、干燥储存，避免强光照射。

制茶工序

采摘后，普陀佛茶制作工序共 5 道：杀青、揉捻、起毛、搓团、干燥。炒制时要注意茶锅的洁净，每炒完一次茶，须洗一次茶锅。此外，该茶从栽种到采制都较为注重洁净，常常以草当肥。

📋 评茶论道

在中国文学史上，有些流传于民间的茶歌是根据文人的作品配曲而成的。据皮日休的《茶中杂咏序》记载："昔晋杜育有荈赋，季疵有茶歌。"最早是陆羽的茶歌，但已失传。如今能找到的茶歌有唐代皎然的《饮茶歌》、卢仝的《走笔谢孟谏议寄新茶》等几首。另据王观国的著作《学林》可知，卢仝的《走笔谢孟谏议寄新茶》就被配以章曲、器乐而歌唱了。还有些茶歌从民谣演化而来，如明清杭州富阳一带流传的《贡茶鲥鱼歌》，主要表现富阳百姓因贡茶而受到的磨难。

❤ 茶疗养生

蜂蜜润肠茶

【材料】普陀佛茶 3g，蜂蜜适量。

【做法】用沸水冲泡普陀佛茶，待茶温后加入蜂蜜，搅拌均匀即可饮用。

【茶疗功效】有通利肠胃的功效，能帮助保持腰部的曲线。

☕ 妙用保健

抗癌： 普陀佛茶中的抗氧化物质有抑制黄曲霉素、苯并芘等致癌物质的作用，常饮普陀佛茶可抗癌。

杀菌养胃： 普陀佛茶中的黄烷醇可使人体消化道松弛，抑制消化道器官中的微生物繁殖，同时还对胃、肾、肝脏有一定的养护功能。

降血压： 普陀佛茶中的茶氨酸能保护神经细胞，还有降压的效果。

❶ 准备

洗干净的透明玻璃杯 1 个，普陀佛茶 3~4g，茶匙 1 把等。

❷ 投茶

用茶匙把普陀佛茶轻轻地投入玻璃杯。

❸ 冲泡

用约 85 ℃ 的矿泉水冲泡普陀佛茶叶。

❹ 分茶

将茶汤分倒入茶杯中，以七分满为宜。

❺ 赏茶

茶汤黄绿明亮，芽叶成朵。

❻ 品茶

茶香清淡高雅，滋味爽口宜人。

茶点茶膳

茶味排骨汤

材料

普陀佛茶 5g，排骨 200g，红枣 10g，盐、料酒各适量。

制作

❶ 将排骨用清水洗净，将红枣洗净去核。

❷ 将普陀佛茶用沸水泡开备用。

❸ 将排骨用料酒腌渍 20 分钟，入锅焯 1 分钟，去浮沫后控水捞出。

❹ 将排骨、红枣、普陀佛茶水放入煲中，加入适量水，以大火烧开后，转为小火慢熬。

❺ 待排骨肉烂易脱骨时，关火，加盐调味即可。

口味

香浓味美，营养丰富。

雁荡毛峰

抗菌防癌 抵抗辐射

雁荡毛峰是产于浙江乐清境内雁荡山的一种烘青绿茶。茶树终年处于云雾之下，生长于深厚肥沃的土壤之中，故又称"雁荡云雾"。由于地处高山，气温低，茶芽萌发迟缓，采茶时节较晚。雁荡山产茶历史悠久，相传在晋代由高僧诺讵那传来（传诺讵那为四川中岩寺高僧，跋涉千里至雁荡山讲经，机缘巧合下，在雁荡山种出大片茶林）；北宋时期，沈括考察雁荡后，雁茗之名被传播开来；明代，雁茗被列为贡品；中华人民共和国成立后，大力发展新茶园，雁荡毛峰的品质得以不断提高，并获得"浙江省名茶"的称号。

性状
叶底嫩匀成朵。

汤色
浅绿明净，香气高雅。

品鉴指数 ★★★★

口味
滋味甘醇。

适宜人群
一般人群都可饮用，特殊禁忌者除外。

主要功效
防辐射，抗衰老，抗菌。

性状特点
秀长紧结，色泽翠绿，芽毫隐藏。

挑选储藏

优质雁荡毛峰外形紧结、重实、完整、匀净，色泽光润翠绿，茶香清雅。雁荡毛峰避光干燥储藏即可，其可储时间较长，有"三年不败黄金芽"之美誉。

制茶工序

具体的制作工序为：采摘、杀青、揉捻、烘坯、理条提毫、烘焙。采摘一芽一叶或一芽二叶初展的鲜叶，要细嫩匀净；杀青用平锅，以叶色转暗、叶质柔软、青草气散发完、清香显露为宜；揉捻时双手推揉，用力均匀，轻重结合；理条时手心向下，四指伸直并拢，拇指与四指同时弯曲，将茶叶分量抓在手中，同时抖动手腕和手指，让茶叶在手掌中转动，并使之逐渐从手中掉落；烘焙时将摊晾叶均匀地撒在烘笼上。除茶梗等杂质后，冷却装箱储存。

📖 评茶论道

茶与书法的联系更多地体现在二者在本质上的相似性上，即以不同的形式，表现出共同的审美理想、审美趣味和艺术特性。宋代文学家、书法家苏东坡曾以精妙的语言概括茶与书法的关系："上茶妙墨俱香，是其德也；皆坚，是其操也。譬如贤人君子黔皙美恶之不同，其德操一也。"唐代是书法艺术的繁盛期，书法中有很多与茶相关的记载，其中比较有代表性的是唐代著名狂草书法家怀素和尚的《苦笋贴》："苦笋及茗异常佳，乃可径来，怀素上。"现藏于上海博物馆。

❤ 茶疗养生

核桃生姜防寒茶

【材料】雁荡毛峰 15g，核桃仁、葱白、生姜各 25g。

【做法】将上述材料捣烂，加适量水，用砂锅煎服，服后盖上棉被休息，直至发汗。

【茶疗功效】对治疗风寒感冒引起的发热、头痛有一定的功效。

🍵 妙用保健

抗菌： 雁荡毛峰中的儿茶素对部分细菌有抑制作用，对有益菌的繁衍不易造成伤害，常饮有一定的抗菌功能。

防衰老： 雁荡毛峰所含的抗氧化剂能延缓人体衰老。人体在新陈代谢的过程中会产生大量的自由基，易使人老化；雁荡毛峰所含的儿茶素能清除自由基。

抗辐射： 雁荡毛峰含有茶多酚，茶多酚能够减轻辐射对人体的伤害。

品饮赏鉴

① 准备

透明玻璃杯或瓷杯 1 个，茶匙 1 把，雁荡毛峰茶叶 2~3g 等。

② 投茶

用茶匙从储茶罐中取出 2 ~ 3g 雁荡毛峰，将其送入透明玻璃杯或瓷杯。

③ 冲泡

向透明玻璃杯或瓷杯中注入优质矿泉水，温度保持在 80 ~ 90℃。

④ 分茶

将茶汤分倒入茶杯中，以七分满为宜。

⑤ 赏茶

茶叶浮在汤面上不易下沉，汤色浅绿明亮。

⑥ 品茶

茶香浓郁扑鼻；小口细啜，满口溢香。

绿茶

茶点茶膳

绿茶豌豆玉米笋沙拉

材料

雁荡毛峰茶粉 2 茶匙，豌豆 40g，荆芥 5g，胡萝卜丁 30g，红腰豆 45g，玉米笋 50g，沙拉酱 1 包。

制作

① 将玉米笋、豌豆、胡萝卜丁、红腰豆用水洗净，入沸水焯熟；将荆芥洗净取叶；

② 将雁荡毛峰茶粉和沙拉酱搅拌均匀，做成酱汁。

③ 将酱汁倒入碗中拌匀，用荆芥叶装饰即可。

以上食材一起放入碗中。

口味

清淡有茶香，爽口解腻。

庐山云雾

护齿明目 提神醒脑

庐山云雾产于江西庐山，古称"闻林茶"，明代起称"庐山云雾"。庐山北临长江，南邻鄱阳湖，气候温和，每年近 200 天云雾缭绕，为茶树生长提供了良好的自然条件。庐山云雾在清明前后采摘，随着海拔的升高，采摘时间相应延迟。采摘标准为一芽一叶，采回鲜叶后，薄摊于阴凉通风处，经过杀青、抖散、揉捻等 9 道工序制作而成。庐山云雾冲泡后幽香如兰，饮后回甘香绵，其色如沱茶，却比沱茶清淡，经久耐泡，为绿茶之精品。

性状
叶底成朵，芽肥匀整。

汤色
清澈明亮。

品鉴指数 ★★★★

口味
味道鲜醇。

适宜人群
一般人群都可饮用，特殊禁忌者除外。

主要功效
防辐射，防癌护齿。

性状特点
条索秀丽，嫩绿多毫。

挑选储藏

优质庐山云雾芽壮叶肥，白毫显露，色泽翠绿，幽香如兰；如果条件允许，可以通过冲泡选购，取汤色明亮、滋味深厚、鲜爽甘醇、耐冲泡、饮后回味香绵者。应将庐山云雾储藏在冰箱（柜）冷藏室，温度保持在0℃以下，避免将之与有刺激性气味或易挥发性的物品存放在一起。

制茶工序

庐山云雾的加工制作十分精细，采用手工制作。采摘后，初制分杀青、抖散、揉捻、复炒、理条、搓条、拣剔、提毫、烘干等工序，精制分去杂、分级、匀堆装箱等工序。每道工序都有严格要求，如杀青要保持叶色翠绿；揉捻要用手工轻揉，防止细嫩叶断碎；搓条也用手工；翻炒动作要轻……这样才能保证云雾的品质。

评茶论道

阿根廷人的传统喝茶方式很特别——茶壶里插一根吸管，家人或朋友们围坐一圈，轮流吸茶，边吸边聊。茶水快喝光时，再续上热水，一直到大家尽兴而散。阿根廷人非常重视茶壶，平民百姓通常使用竹筒或葫芦制成的茶壶。高档的茶壶更像艺术品，有金属模压的，有硬木雕琢的，有葫芦镶边的，也有皮革包裹的。壶的表层还刻有人物、山水、花鸟等图案，并镶嵌着各种各样的宝石。

茶疗养生

黑芝麻乌发茶

【材料】黑芝麻500g，核桃仁200g，白糖10g，庐山云雾适量。

【做法】把黑芝麻、核桃仁拍碎，加入白糖和庐山云雾，用沸水冲泡后即可饮用。

【茶疗功效】常饮此茶可润发、乌发。

妙用保健

防龋齿：庐山云雾中的儿茶素可以抑制致龋菌的产生，减少牙菌斑及牙周炎的发生。

明目：庐山云雾所含的维生素C等成分，可降低眼睛晶体混浊度，长期饮用，可减少眼部疾病，起到护眼明目的作用。

提神醒脑：庐山云雾中的咖啡碱能令人体中枢神经兴奋，起到提神醒脑的功效。

品饮赏鉴

① 准备

茶匙1把，庐山云雾2～3g，透明玻璃杯或瓷杯1个等。

② 投茶

用茶匙将庐山云雾置入玻璃杯或瓷杯中。

③ 冲泡

向杯中注入热水约至茶杯的3/4，水温保持在95℃为宜。

④ 分茶

将泡好的庐山云雾依次倒入茶杯，七分满即可。

⑤ 赏茶

碧绿的芽茶在杯中上下沉浮，芽尖向上直立于杯底，淡雅的清香让人顿觉心旷神怡。

⑥ 品茶

品茗时，要小口慢慢吞咽，鼻舌并用，方能品出茶之至醇至香。

茶点茶膳

五香茶花生

材料

庐山云雾15g，花生米500g，盐5g，五香粉、红椒块、葱段、姜块、大料各适量。

制作

① 将花生米洗净，控水备用；大料洗净备用。

② 锅中加水，放入洗好的花生米和其他所有材料。

③ 用大火煮沸，转用小火焖至酥软即成。

口味

香浓味美，营养丰富。

涌溪火青

强心解痉 抗菌消炎

涌溪火青产于安徽泾县涌溪山一带，属珠茶，有"绿色珍珠"之美誉。茶园土壤为乌沙土，土层深厚，有机质和氮、磷、钾的含量丰富，水质、气候得天独厚，为涌溪火青的优异品质提供了很好的物质基础。其中以涌溪盘坑的云雾爪和石井坑的鹰窝岩地所产的茶叶品质最佳，被人们称为"龙爪云雾茶"和"鹰窝岩茶"。涌溪火青的采摘期一般自清明到谷雨，采摘 2.7~3.3cm 的一芽二叶，要求芽叶均匀，肥壮挺直，芽尖和叶尖拢齐且有峰尖。

性状
叶底嫩匀成朵。

汤色
色泽黄绿，清澈明亮。

品鉴指数 ★★★★

口味
味道醇厚，爽口甘甜。

适宜人群
一般人群都可饮用，特殊禁忌者除外。

主要功效
抑菌，强心解痉，防止动脉硬化。

性状特点
外形腰圆，色泽墨绿，白毫隐伏。

挑选储藏

优质涌溪火青外形细圆紧结，颗粒重实，宛如珍珠；需要强调的是，涌溪火青的珠形越细质量越佳。储存涌溪火青时，可将其放进干燥无味且完好的热水瓶中，在瓶口放1小袋干燥剂，然后把瓶塞塞紧即可。

制茶工序

涌溪火青的制造工序分杀青、揉捻、炒头坯、复揉、炒二坯、掰老锅、分筛。全程需 20~22 个小时。杀青要求茶叶不能有泡点和焦边；揉捻要求茶叶初步成条，并能挤出部分茶汁；炒头坯要求快速抖炒，散失水分，炒到茶不粘手即可；炒二坯要求茶叶弯卷，形成虾形即可出锅；掰老锅最关键的工序要求是颗粒成形，表面光滑，色泽绿润时即可出锅；分筛即用手筛"撩头挫脚"后，即为正品火青。

📋 评茶论道

千百年来，数千首题材广泛和体裁多样的茶诗、茶词、茶联成了中国文学宝库中的瑰宝。随着茶业的发展和人们饮茶风俗的渐盛，唐代涌现了很多以茶为题的诗，如著名诗人皮日休与陆龟蒙写的《茶中杂咏》唱和诗各 10 首，内容包括《茶坞》《茶人》《茶笋》《茶籯》《茶舍》《茶灶》《茶焙》《茶鼎》《茶瓯》和《煮茶》。宋代饮茶之风更盛，茶诗有苏轼的《次韵曹辅壑源试焙新茶》等。

💗 茶疗养生

莲子益肾茶

【材料】莲子 10g，涌溪火青茶汁 500ml，红糖适量。

【做法】莲子洗净后放入锅内煮烂，加入涌溪火青茶汁和红糖，搅拌均匀即可饮用。

【茶疗功效】有补脾止泻、益肾固精、养心安神的功效。

🍵 妙用保健

强心解痉： 涌溪火青中的咖啡因具有强心、解痉、松弛平滑肌的功效，能缓解支气管痉挛，促进血液循环，对治疗支气管哮喘、心肌梗死等有良好的辅助作用。

抗菌： 涌溪火青中的茶多酚和鞣酸作用于细菌，能凝固细菌的蛋白质，因此具有抗菌作用。

防止动脉硬化： 涌溪火青中的茶多酚和维生素 C 有预防动脉硬化的作用。

品饮赏鉴

① 准备

玻璃杯或瓷杯 1 个，茶匙 1 把，涌溪火青 2 ~ 3g 等。

② 投茶

用茶匙将涌溪火青置入玻璃杯或瓷杯中。

③ 冲泡

杯中注入热水约至茶杯容量的七成，水温一般保持在 75 ~ 85℃。

④ 分茶

将茶汤分倒入杯中，以七分满为宜。

⑤ 赏茶

形似兰花舒展，汤色杏黄明亮。

⑥ 品茶

茶香清雅，味如甘霖，留在唇齿间。

茶点茶膳

红薯海带粳米粥

材料

粳米 50g，红薯 10g，牛奶 10ml，海带 10g，涌溪火青茶粉 2 茶匙。

制作

① 粳米洗净备用；海带洗净后切丝；红薯去皮洗净，切成小块。

② 锅置于火上，加入适量清水，再放入粳米、红薯块、海带丝熬煮。

③ 待粳米快熟时，加入涌溪火青茶粉和牛奶，搅拌均匀，继续熬煮至粳米开花即可关火食用。

口味

润泽爽口，醇香味浓。

舒城兰花

美容养颜 利尿抗衰

　　舒城兰花产于安徽舒城、通城、庐江、岳西一带，以舒城产量最多、质量最好。舒城兰花茶创制于明末清初。兰花茶名来源有两种说法：一是芽叶相连于枝上，形似一朵兰花；二是采摘时正值山中兰花盛开，茶叶吸附兰花香，故而得名。1980年，舒城县在小兰花的传统工艺基础上，开发了白霜雾毫、皖西早花；1987年，此二者被评为安徽名茶，形成舒城小兰花系列。

性状
叶底嫩绿成朵。

汤色
绿亮明净。

品鉴指数 ★★★★

口味
滋味浓醇回甘。

适宜人群
一般人群都可饮用，有特殊禁忌者除外。

主要功效
利尿，养颜，抗衰老。

性状特点
芽叶相连似兰草，匀润显毫。

挑选储藏

　　优质舒城兰花外形均匀，茶叶"光、扁、平、直"，扁针状条索，白毫显露，嫩度好，光泽明亮。其储存方法和一般绿茶的储存方式相同，即要低温干燥储藏，避免强光照射，避免挤压，有条件者也可将舒城兰花放入冰箱冷藏，效果更佳。

制茶工序

　　舒城兰花的制作工序共3道，分别为杀青、初烘、足烘。杀青一般要用三口锅：一锅炒癟、二锅炒熟、三锅炒细成条。若分两口锅，则要求第一锅炒制时间延长，以保证进度一致、作业协调。杀青适度后，出锅上烘。初烘要求边烘边翻，轻翻勤翻，防止断芽碎枝。当烘至七成干时，摊晾拣剔后进行足烘，足干后即包装储藏。

🍵 茶之传说

相传李占山想强占兰花姑娘，她为此逃到蝙蝠洞。洞旁有棵茶树，兰花摘下鲜叶，炒干去卖。一人买去泡茶，茶香飘扬，引来很多茶客。消息传开，人们说卖茶姑娘是蝙蝠仙姑显灵。李占山派家丁打探，在洞旁看到了兰花，遂将她推下悬崖，强占茶树。他把茶叶献给县官，县官又将其献给皇上。皇上品后，龙颜大悦，并加封县官和李占山。第二年茶树死了，李占山因无茶献上，被皇上砍了头。兰花坠崖的地方又长出一棵茶树，老百姓将其取名为"兰花茶"。

❤ 茶疗养生

银花青果润喉茶

【材料】金银花2g，舒城兰花茶3g，橄榄1个。

【做法】将橄榄洗净后切开，与金银花和舒城兰花茶同放入杯中，冲入沸水，加盖闷5分钟后饮用。

【茶疗功效】慢性咽炎者或咽部有异物感者适合饮用此茶。

🍵 妙用保健

利尿：舒城兰花茶中的咖啡因可刺激肾脏，从而提高肾脏的滤出率，促使尿液被迅速排出体外，减少有害物质在肾脏的滞留时间。

抗衰老：舒城兰花茶中的儿茶素可清除人体产生的自由基，减缓人体器官老化。

美容养颜：舒城兰花中的茶多酚具有很强的水溶性，用茶水洗脸能清除面部油脂，收敛毛孔，还能抗皮肤老化、减少紫外线辐射对皮肤的伤害。

品饮赏鉴

① 准备

舒城兰花适量，茶匙1把，透明玻璃杯或瓷杯1个，茶巾1条等。

② 投茶

用茶匙将色泽翠绿的舒城兰花置于玻璃杯中，并注入少量矿泉水浸润茶叶。

③ 冲泡

将75~85℃的热水冲入杯中，茶叶徐徐下沉。

④ 分茶

将茶汤分倒入茶杯中，以七分满为宜。

⑤ 赏茶

茶汤鲜绿明净，叶底黄绿成朵。

⑥ 品茶

舒城兰花需静品、慢品、细品。一品开汤味，淡雅；二品茶汤味，鲜醇。

茶点茶膳

豆沙包

材料

高筋面粉600g，豆沙馅500g，碱、舒城兰花茶粉、酵母、黑芝麻、葱花各适量。

制作

❶ 将高筋面粉放入盆内，加适量水、茶粉及酵母发酵后，加入碱，揉匀备用。

❷ 将面切段，擀成面皮，包入豆沙馅，捏成圆形，在收口处撒上黑芝麻和葱花。

❸ 将包子生坯摆入屉中，用旺火沸水蒸熟即可食用。

口味

甜软可口，伴有茶香。

敬亭绿雪

敬亭绿雪产于安徽宣州敬亭山，历史名茶，大约创制于明代。《宣城县志》上记载："明、清之间，每年进贡三百斤。" 明代王樨登有诗句："灵源洞口采旗枪，五马来乘谷雨尝。从此端明茶谱上，又添新品绿雪香。"清康熙年间的宣城诗人施润章有诗赞之："馥馥如花乳，湛湛如云液……枝枝经手摘，贵真不贵多。"大约在清末，敬亭绿雪的制法失传。1972 年，敬亭山茶场恢复生产；1976 年，郭沫若题"敬亭绿雪"；1978 年，新的制法研制成功；之后多次获得名茶称号，与黄山毛峰、六安瓜片合称为"安徽三大名茶"。

性状
叶底细嫩，芽叶相合。

汤色
汤清色碧，白毫翻滚。

品鉴指数 ★ ★ ★ ★

口味
回味爽口，香郁甘甜。

适宜人群
一般人群都可饮用，特殊禁忌者除外。

主要功效
提神益思，美容养颜，利尿。

性状特点
形如雀舌，挺直饱润。

挑选储藏

优质敬亭绿雪光泽明亮，油润鲜活。如有深有浅、黯淡无光，说明茶叶质量不佳。敬亭绿雪可低温干燥存放，有条件者也可将其放于冰箱中存储，避免挤压。

制茶工序

敬亭绿雪于清明之际采摘，标准为一芽一叶初展，长度为 3cm，芽尖和叶尖齐平，形似雀舌，大小匀齐。经过杀青、做形、干燥等工序制成。杀青即通过高温破坏敬亭绿雪鲜叶的组织，使鲜叶内含物迅速转化。做形指运用推、压、扭、摩擦等方式，使敬亭绿雪形成条状。做形过程依然是在破坏叶片组织细胞，促使部分多酚类物质氧化，减少茶的苦涩味，增加浓醇味。干燥要求固定敬亭绿雪的形态，增加其茶香。

🍵 茶之传说

相传古代有一位叫绿雪的姑娘，她美丽善良，心灵手巧。绿雪姑娘以制茶谋生，她炒制的茶叶形如雀舌，挺直饱满；冲泡后，汤清色碧，白毫翻滚，茶汤更是持久留香，茶客们为此趋之若鹜。后来，当地有权势者抢夺茶园并要霸占绿雪姑娘，她坚贞不屈，在和强权势力斗争无果的情况下，最后跳下万丈悬崖。当地百姓为了纪念她，把敬亭山茶改为"敬亭绿雪"。

❤ 茶疗养生

银花抗癌茶

【材料】金银花 5g，敬亭绿雪 3g，甘草 2g。
【做法】将金银花和甘草洗净后入锅，加适量水煎煮 10 分钟，加敬亭绿雪后再次煮沸，晾后温饮。
【茶疗功效】主要用于胃癌的辅助治疗。

妙用保健

提神益思： 敬亭绿雪中的咖啡因能兴奋中枢神经系统，使人头脑清醒；还能加快人体血液循环，促进新陈代谢。

利尿： 敬亭绿雪中的咖啡因可刺激肾脏，从而提高肾脏的滤出率，促使尿液被迅速排出体外，减少有害物质在肾脏的滞留时间。

美容养颜： 敬亭绿雪中的茶多酚具有很强的水溶性，用茶水洗脸能清除面部油脂，收敛毛孔，还能抗皮肤老化，减少紫外线辐射对皮肤的伤害。

1 准备

透明玻璃杯或瓷杯 1 个，敬亭绿雪 2～3g，茶匙 1 把等。

2 投茶

用茶匙将敬亭绿雪置于杯中，并注入少量水浸润干茶。

3 冲泡

向杯中注入 80～90℃的热水，让舒展开来的碧绿茶芽在杯中上下翻腾。

4 分茶

将茶汤分倒入茶杯中，以七分满为宜。

5 赏茶

叶底鲜嫩，茶汤清碧，白毫翻滚。

6 品茶

香气浓郁，茶味甘醇，唇齿留香。

茶点茶膳

串烤辣豆干

材料

豆干 150g，辣椒酱 10g，白芝麻 5g，葱 10g，敬亭绿雪茶粉 5g，花生油、竹签各适量。

制作

❶ 豆干洗净后用竹签串起来；葱洗净，切葱花；将辣椒酱、白芝麻、敬亭绿雪茶粉和花生油一起拌匀，即为混合酱料。

❷ 将混合酱料均匀地涂抹在豆干两面，然后放烤架上烤至熟。

❸ 将豆干放入盘中，撒上葱花即可。

口味

茶香浓郁，香辣可口。

九华佛茶

美容护肤 利尿解压

九华佛茶产于佛教圣地安徽九华山区，又称"闵园茶""黄石溪茶""九华毛峰"，现统称为"九华佛茶"。九华佛茶因是"佛茶"，深受前来朝圣的广大海外侨胞的青睐。史载，九华佛茶初时为僧人所栽，专供寺僧享用，后用于招待贵宾香客。主产区位于下闵园、黄石溪、庙前等地。由于高山气候的缘故，昼夜温差大，而方圆百里人烟稀少，茶园少病虫害，九华佛茶产区是天然有机生态茶园。成茶分为三级。冲泡之时，汤色碧绿明亮，叶底黄绿多芽，冲泡五六次，香味犹在。

性状
叶底黄绿，柔软成朵。

汤色
碧绿明净，香气高长。

品鉴指数 ★★★★

口味
滋味浓厚，回味甘甜。

适宜人群
一般人群都可饮用，特殊禁忌者除外。

主要功效
利尿解压，美容护肤。

性状特点
外形匀整紧细、扁直，呈佛手状。

挑选储藏

九华佛茶有三个等级，购买时需仔细挑选：一级最好，一芽一二叶占 80% 以上，且无对夹叶；二级次之，一芽一二叶占 60% ~ 80%，允许有少量的对夹叶；三级最差，一芽一二叶占 40% ~ 60%，并有少量初展的一芽三叶。九华佛茶宜低温干燥储藏，避免强光照射，避免挤压。

制茶工序

九华佛茶在四月中下旬进行采摘，一般只对一芽一二叶初展的鲜叶进行采摘，要求无表面水，无杂叶、茶果等杂质。采摘后的鲜叶，按叶片老嫩程度和采摘顺序摊放待制，须经过杀青、做形、烘焙等 3 道工序。其独特之处是做形，利用理条机分两次理条，通过摊晾加压，手工压扁，理条机理直，塑造出九华佛茶的独特外形。

📋 评茶论道

茶，自古以来就被视为圣洁高雅之物，也被赋予各种美誉。唐代宦官刘贞亮就把前人颂茶的内容概括为饮茶"十德"：一，以茶散郁气；二，以茶驱睡气；三，以茶养生气；四，以茶驱病气；五，以茶树礼仁；六，以茶表敬意；七，以茶尝滋味；八，以茶养身体；九，以茶可行道；十，以茶可雅志。

♥ 茶疗养生

橄竹乌梅亮嗓茶

【材料】去核咸橄榄 1 个，竹叶 2g，去核乌梅 1 颗，九华佛茶 3g。

【做法】将咸橄榄、竹叶、乌梅和九华佛茶都捣成末，用沸水冲泡，滤渣后代茶饮用。

【茶疗功效】清热解毒，化痰，利咽，润喉。

📋 妙用保健

美容护肤：九华佛茶所含的茶多酚能收敛毛孔，具有抗菌、抗皮肤老化的功能，用茶水洗脸能清除面部的油脂，同时还能减少紫外线辐射对皮肤的伤害。

缓解压力：九华佛茶中含强效抗氧化剂及维生素 C，可以清除人体内的自由基，还能舒缓压力，令人放松心情。

利尿：九华佛茶中的咖啡因可刺激肾脏，提高肾脏滤出率，促使尿液被迅速排出，减少有害物质在肾脏的滞留时间。

品饮赏鉴

① 准备

九华佛茶适量，茶匙 1 把，透明玻璃杯或瓷杯 1 个等。

② 投茶

用茶匙轻轻地将九华佛茶从茶仓中取出，放入杯中。

③ 冲泡

将热水倒入杯中，约至茶杯七分满处，水温保持在 85 ～ 90℃。

④ 分茶

将茶汤分倒入茶杯中，以七分满为宜。

⑤ 赏茶

茶芽黄绿，与茶水融合，茶汤碧绿明净。

⑥ 品茶

细品慢啜，滋味清爽甘甜，茶香四溢。

茶点茶膳

豇豆豆沙饼

材料

豇豆 100g，面粉 100g，豆沙 50g，鸡蛋 2 个，白糖、食用油、九华佛茶粉、水各适量。

制作

❶ 将豇豆清洗干净，切成小丁。

❷ 搅拌机内加适量水，放入豇豆丁后搅打成泥，倒出后备用。

❸ 将鸡蛋打发，加入面粉搅拌均匀，调成蛋糊，加入打好的豇豆泥后，放入豆沙、九华佛茶粉和白糖并搅拌均匀。

❹ 平底锅中放食用油，油热后倒入少许面糊，摊成圆饼状，两面煎熟即可。

口味

香酥可口，茶香宜人。

石亭绿茶

消除口臭 防癌抗癌

石亭绿茶产于福建南安丰州的九日山和莲花峰一带，又名"石亭茶"。茶区地处闽南沿海，受沿海季风的影响，气候温和，阴晴相间，光照适当，土质肥沃疏松，为茶树生长提供了良好的自然条件。石亭绿茶的特点为采制早、登市早，品种分为高山和平地两种。高山石亭绿茶外形条索厚重，色绿有光泽；汤色绿亮，叶底明亮，叶质柔软，滋味浓厚。平地石亭绿茶外形条索细瘦、露筋、轻薄，色黄绿；汤色清淡，叶质较硬，叶脉显露，滋味醇和。

性状
叶底嫩绿，香气似兰花。

汤色
色泽碧绿。

品鉴指数 ★★★★

口味
滋味浓厚，回味甘甜。

适宜人群
一般人群都可饮用，特殊禁忌者除外。

主要功效
除臭，消暑，抗癌。

性状特点
外形紧结，银灰带绿。

挑选储藏

优质石亭绿茶外形紧结重实，色泽银灰带绿。冲泡后汤色清澈碧绿，叶底明翠嫩绿，滋味醇香，有兰花香。储藏要求低温干燥，避免强光照射，不要和有刺激性气味或者挥发性强的物品存放在一起。

制茶工序

石亭绿茶每年清明前开园采摘，谷雨前新茶登市，有"不老亭首春名茶"之说。其鲜叶采摘标准介于乌龙茶和绿茶之间，即当嫩梢长到即将形成驻芽前，芽头初展呈"鸡舌"状（叶两边相对抱合呈倒卵形）时，采下一芽二叶，要求嫩度匀整一致。采摘完成后，其制作要经轻萎凋、杀青、初揉、复炒、复揉、辉炒、足干等7道工序，才能制成成品茶叶。

📖 评茶论道

茶和饮食息息相关，茶是人们日常生活中不可缺少的饮品，而"民以食为天"，饮食更是人们生存下去的基本条件。现在的茶馆，不仅可以饮茶，还为顾客提供各种精美的菜品、茶点、茶食等，让顾客在品茶的同时，还能品尝到美食，将茶文化和饮食文化很好地结合在一起。茶馆的餐饮功能不仅丰富了其原有内涵，而且是新经营模式的一种探索。

❤ 茶疗养生

果汁蜂蜜绿茶

【材料】石亭绿茶 2g，葡萄 10 粒，菠萝 2 片，蜂蜜 1 小匙。
【做法】将石亭绿茶以适量沸水浸泡 7～8 分钟后滤汁备用；菠萝、葡萄去皮，切丁后榨汁；将榨好的果汁和蜂蜜倒入茶水汁中搅匀即可饮用。
【茶疗功效】促进肌肤新陈代谢，让肌肤光滑、白皙。

☕ 妙用保健

消暑： 石亭绿茶中的咖啡因可以调节人体新陈代谢，在炎炎夏日饮用，可以起到消暑的作用。

除臭： 石亭绿茶含有黄酮醇，饭后用茶水漱口可清洁口腔内的残留物质，消除口臭。

抗癌： 石亭绿茶中的茶多酚能够抑制和阻断人体内的致癌物——亚硝基化合物的形成，适量饮用有防癌功效。

① 准备

茶匙 1 把，石亭绿茶 3g，透明玻璃杯或瓷杯 1 个等。

② 投茶

用茶匙将石亭绿茶顺着杯口缓缓滑入玻璃杯中。

③ 冲泡

向玻璃杯中注矿泉水至七分满，水温要保持在 80～90℃，让茶叶在杯中舞动。

④ 分茶

将泡好的石亭绿茶依次倒入茶杯，稍晾即可品饮。

⑤ 赏茶

嫩绿的茶芽在碧绿的茶水中如绿云翻滚，袅袅茶烟飘散开，清香袭人。

⑥ 品茶

分三次入口，慢慢细啜。饮完后，可以将空杯置鼻端闻之，香气依存。

茶点茶膳

芹菜猪肝汤

材料

猪肝 200g，芹菜 20g，石亭绿茶 5g，红椒 5g，料酒、食用油、盐各适量。

制作

① 芹菜洗净后切段；红椒洗净后切丝；将猪肝洗净、切片，放入碗内，加入料酒和盐进行腌渍。

② 将石亭绿茶以开水浸泡 7～8 分钟，滤出茶汤备用。

③ 油锅烧热，倒入猪肝和红椒丝煸炒至熟，加入适量清水和茶汤烧沸，投入芹菜段烧至入味，加入盐调味，出锅即成。

口味

茶香浓郁，营养丰富。

遵义毛峰

降压降脂　瘦身减脂

　　遵义毛峰产于贵州遵义湄潭境内。湄潭山清水秀，群山环抱，湄江穿城而过，素有"小江南"之称。茶园依山傍水，山坡上种植着桂花、梨、柚子、紫薇等芳香植物，香气缭绕，加之湄江蒸腾的氤氲水气，为茶叶品质的形成提供了优越的天然条件。遵义毛峰不仅品质优秀，还有特殊的象征意义：条索圆直，峰苗显露，象征着中国工农红军战士大无畏的英雄气概；满披白毫，似银光闪闪，象征遵义会议精神永放光芒；香高持久，象征红军革命情操世代流芳。

性状
叶底翠绿油润。

汤色
色泽浅绿明净。

品鉴指数 ★★★★

口味
滋味清醇爽口。

适宜人群
一般人群都可饮用，特殊禁忌者除外。

主要功效
降压，降血脂，瘦身减脂。

性状特点
条索紧细圆直，色泽翠润显白毫。

挑选储藏

　　优质遵义毛峰外形紧细圆直，色泽翠润有白毫；冲泡后汤色浅绿明净，味道香醇爽口。储藏遵义毛峰时，要保持干燥，不要和烟、酒等有刺激性味道的物品存放在一起。此外，要避免强光照射。

制茶工序

　　遵义毛峰采于清明前后，采摘一芽一叶初展或全展的鲜叶，经杀青、揉捻、干燥制作而成。杀青锅温先高后低，当锅温为120～140℃时，投入250~350g摊放叶，待芽叶杀透、杀匀时起锅。揉捻要趁热，揉至茶叶基本成条，稍有粘手感即可。干燥是毛峰茶成形的关键工序，包括揉紧、搓圆、理直三个过程，意在蒸发水分、造型、提毫。对锅温的控制、手势的灵活变换是确保成形提毫质量的重要技术。

📖 评茶论道

北宋杭州南屏山麓净慈寺的谦师精于茶事，尤其钟爱品评茶叶，人称"点茶三昧手"。苏东坡有诗《送南屏谦师》就是为他而作："道人晓出南屏山，来试点茶三昧手。"关于"茶三昧"，说法略有不同。陆树声曾在《茶寮记》中说："……僧所烹点绝味清，乳面不皴，是具人清净味中三昧者。要之，此一味非眠云跂石人未易领略。"

❤️ 茶疗养生

仙鹤草茶

【材料】仙鹤草60g，荠菜50g，遵义毛峰6g。

【做法】将仙鹤草、荠菜洗净后与遵义毛峰加适量水同煎，晾后饮用，每日1剂。

【茶疗功效】适用于有崩漏症状或月经过多的女性。

☕ 妙用保健

瘦身减脂：遵义毛峰中的茶碱和咖啡因，可以很好地活化蛋白激酶及甘油三酯解脂酶，从而减少脂肪细胞堆积，起到瘦身减脂的效果。

防龋齿：遵义毛峰中的儿茶素可以减少牙菌斑及牙周炎的发生，能防龋齿。

降压降脂：遵义毛峰中的儿茶素可避免血管收缩引起血压上升，有利于降低血压。同时，儿茶素还能降低血液中的总胆固醇含量，对降血脂也有效果。

品饮赏鉴

① 准备

遵义毛峰2~3g，茶匙1把，透明玻璃杯或瓷杯1个等。

② 投茶

用茶匙将遵义毛峰轻轻投入玻璃杯中。

③ 冲泡

先快后慢地注入70℃的水，约至杯容积1/2处时，待茶叶完全浸透，再注入八分满的水。

④ 分茶

将泡好的遵义毛峰茶汤分倒在茶杯中，七分满即可。

⑤ 赏茶

茶芽舒展，叶底翠绿油润；茶汤浅绿明净，赏心悦目。

⑥ 品茶

待茶汤冷热适中时，可小口慢慢品茗，滋味鲜美，回味绵长。

茶点茶膳

茶汁面包

材料

面粉700g，酵母25g，白糖60g，盐20g，奶油60g，发酵粉1g，脱脂乳40g，遵义毛峰10g。

制作

① 先将茶叶高温干燥10分钟左右，再将其投入10倍比例的沸水中浸泡，并反复搅拌，制成浓茶汁备用。

② 将面粉、酵母与500ml水一同放入搅拌器内搅匀，静置一段时间后，加入白糖、盐、奶油、发酵粉、脱脂乳、茶汁并充分搅拌。

③ 将面团分割、发酵、整形后，在38℃下发制40分钟，按常规面包方法制作完成即可。

口味

芳香可口，风味独特。

紫阳毛尖

延缓衰老 抗菌提神

紫阳毛尖也称紫阳毛峰，产于陕西汉江上游、大巴山炉的紫阳县近山峡谷地区。茶区层峦叠嶂，云雾缭绕，冬暖夏凉；土壤多为黄沙土和薄层黄沙土，呈酸性和微酸性，矿物质丰富，有机质含量高，土质疏松，通透性良好，适宜茶树生长。近年发现紫阳毛尖富含人体必需的微量元素——硒，因此其具有较高的保健和药用价值，为中外茶叶界人士所喜爱。

性状
叶底肥嫩完整。

汤色
嫩绿清亮。

品鉴指数 ★★★★

口味
滋味鲜醇回甘。

适宜人群
一般人群都可饮用，特殊禁忌者除外。

主要功效
抗菌，提神，抗衰老。

性状特点
条索圆紧，肥壮匀整，色泽翠绿，白毫显露。

挑选储藏

优质紫阳毛尖条索圆紧，肥壮匀整，色泽翠绿显毫；如条件允许可以冲泡观看，以汤色嫩绿清亮、叶底肥嫩完整、滋味鲜醇回甘者为佳。紫阳毛尖储藏时要选择干燥、避光的环境，远离有刺激性气味的物品。

制茶工序

清明前采摘紫阳种（中国北部茶区主要栽培品种之一）和紫阳大叶泡的一芽一二叶，经杀青、初揉、炒坯、复揉、初烘、理条、复烘、提毫、足干、焙香等10道工序制作而成。将成茶捧在手上细瞧，茸茸的白毛清晰可见，冲泡的茶叶清澈鲜艳，清香的气味沁人肺腑；小口啜饮，则感清淡之中有一种甘美之味。《紫阳县志》称之为"骊龙之珠"实不过誉。

评茶论道

　　清饮即饮用单纯的茶汤，这是从古代流传下来的一种饮茶方式。古人饮茶时，最初会加入许多佐料加以煎煮，如糖、柠檬、薄荷、芝麻、葱、姜等。后来发展出用沸水冲泡茶叶，然后加以清饮品味的方式，则为历代清闲的上层阶级所推崇。而在许多少数民族地区，仍保留着煮茶而食的习惯。清饮有喝茶和品茶之分。喝茶无情趣，品茶有意境。凡品茶者，细啜缓咽，注重精神享受。

茶疗养生

鲜李茶

【材料】新鲜的李子50g，紫阳毛尖3g，蜂蜜适量。

【做法】将李子洗净，去核取肉，切成小块，与茶叶一起放入保温杯，倒入沸水，加盖闷泡2分钟，待温热时加蜂蜜调味即可。

【茶疗功效】清热去湿，柔肝化结；适用于肝硬化、肝腹水等症。

妙用保健

　　抗衰老：紫阳毛尖含有人体必需的微量元素——硒，人体适量补充硒能起到延缓衰老的功效。

　　抗菌：紫阳毛尖中的儿茶素对人体内的一些病菌具有一定的抑制作用，因此适量饮用紫阳毛尖茶可抗菌。

　　提神：紫阳毛尖中的咖啡因是一种能量较高的生物碱，进入人体后具有提神醒脑的作用。

① 准备

　　茶匙1把，紫阳毛尖2~3g，透明玻璃杯或瓷杯1个等。

② 投茶

　　投茶前先用热水温一下杯子，然后用茶匙将紫阳毛尖投入玻璃杯。

③ 冲泡

　　先向杯中注入70℃的水，约至杯身一半处，待茶叶完全浸透，再慢慢注至八分满。

④ 分茶

　　将紫阳毛尖茶汤倒入茶杯，以七分满为宜。

⑤ 赏茶

　　茶叶舒展，叶底肥嫩完整；茶汤嫩绿明亮，交相辉映。

⑥ 品茶

　　茶汤冷热适中时，可细啜慢品，滋味鲜爽，回味甘甜。

茶点茶膳

双菇鸡汤

材料

　　白菜500g，鲜香菇、口蘑各50g，鸡汤200ml、食用油、紫阳毛尖茶末各适量，盐、白胡椒粉各少许。

制作

❶ 将白菜洗净，沥干水放入锅中，以大火烧开，捞出，沥干水；将香菇、口蘑洗净，切薄片。

❷ 锅中放油，烧至六成热，加入香菇、口蘑炒3分钟，盛出。

❸ 将胡椒粉用冷水调匀，再放鸡汤、盐、紫阳毛尖茶末于原锅中，边煮边搅，直到汤变稠；把白菜放入，煮约2分钟，盛出后将炒好的双菇倒在上面即成，可依个人口味加入洗净的香菜。

口味

色泽光亮，醇香可口。

开化龙顶

排毒抗老 预防口臭

开化龙顶产于浙江开化大龙山一带，是浙江的优质茶之一，也称"龙顶茶"。龙顶茶区地势高峻，山峰叠嶂，溪水环绕，气候温和，有"兰花遍地开，云雾常年润"之美称，自然环境十分优越，因此开化龙顶属于高山云雾茶。其外形紧直挺秀，白毫显露，芽叶成朵，非常耐看，有"干茶色绿、汤水清绿、叶底鲜绿"的三绿特征。开化龙顶在清明至谷雨前采摘，选用长叶形、发芽早、色深绿、多茸毛、叶质柔厚的鲜叶，以一芽一叶或一芽二叶为标准。

性状
叶底匀齐成朵。

汤色
色泽杏绿明亮。

品鉴指数 ★★★★

口味
味道甘爽鲜醇，有兰香、板栗香。

适宜人群
一般人群都可饮用，特殊禁忌者除外。

主要功效
排毒，防衰老，防口臭。

性状特点
条索紧结挺直，白毫披露，银绿隐翠。

挑选储藏

优质开化龙顶外形紧结挺秀，银绿披毫；香气馥郁持久，有兰花香、板栗香。冲泡后滋味鲜醇爽口，回味甘甜；汤色杏绿清澈、明亮；叶底肥嫩、匀齐成朵。储藏时，一定要远离污染源，不和刺激性物品存放在一起。此外，还要密封、低温、干燥。

制茶工序

开化龙顶采摘的鲜叶经摊晾、杀青、揉捻、整形提毫、炒干等工序制作而成。杀青用滚筒杀青机，火候均匀，根据滚筒内的温度调整放入的茶叶数量，可用电扇简单筛选和降低出桶茶叶温度。揉捻要趁热，揉至茶叶基本成条，稍有粘手感即可。整形提毫要求小火，去除茶叶表面的茸毛，至适当的干度即可出炉。炒干时采用前面制作产生的白炭，这样既节约成本，又没有异味。

茶之传说

相传龙顶潭是一个干潭，一位高僧云游到此，见其周围古木参天，浓荫蔽日，遂在潭边筑屋居住，每日清理此潭。一天，他在潭中挖到一块青石，青石松动后，石缝溢出清水，并隐有隆隆水响。忽然，大石碎裂，石下喷出巨大的水柱，很快溢满了深潭。高僧在潭边辟园种茶，因土质松软肥沃，花草树木遍地，云雾缭绕，茶树终年被香气、雾气缭绕，后制出极品佳茗。

茶疗养生

姜蜜茶

【材料】开化龙顶5g，生姜6g，蜂蜜适量。

【做法】将开化龙顶、生姜加适量水煎汁，加蜂蜜调匀饮用。

【茶疗功效】有助于润肺、止咳、消炎。

妙用保健

排毒：开化龙顶中的茶多酚成分有改善人体排毒和抵抗力的功效。

防衰老：开化龙顶中的儿茶素可以清除人体产生的自由基，缓解心血管疾病，具有防衰老的功效。

防口臭：开化龙顶中的氟和儿茶素可以抑制口腔内的细菌繁殖，从而防止口腔产生异味。

品饮赏鉴

① 准备

茶匙1把，开化龙顶2~3g，透明玻璃杯1个等。

② 投茶

用茶匙将开化龙顶投入透明玻璃杯。

③ 冲泡

先向杯中注入80℃的纯净水，到玻璃杯身的一半，10秒钟后再慢慢注水至八分满。

④ 分茶

将泡好的开化龙顶倒入杯中，七分满即可。

⑤ 赏茶

茶芽逐渐舒展，绿叶衬嫩芽，像蓓蕾初绽花朵，绚丽秀美。

⑥ 品茶

待茶汤冷热适中时，可小口细啜慢咽，味道甘醇，回味绵长。

茶点茶膳

鸡丝莼菜羹

材料

鸡胸肉500g，干香菇、笋丝各50g，莼菜100g，开化龙顶茶末20g， 盐、酱油、香菜、陈醋、水淀粉各适量。

制作

❶ 将鸡胸肉洗净烫熟后，撕成丝备用；将干香菇泡发好后，切成丝备用。

❷ 取汤锅，加入洗净的莼菜、香菇丝、笋丝，加适量水以大火煮开后，加入鸡丝、开化龙顶茶末、盐、酱油煮至入味。

❸ 加水淀粉勾芡后加入陈醋，关火盛出放香菜即可。

口味

肉嫩，味鲜，莼菜爽滑。

现代制茶工艺

绿茶　　　　黑茶　　　　黄茶

杀青

高温破坏鲜茶叶中酶的活性，去掉青气，使茶香显露，抑制茶叶中多酚类物质氧化，凝固清汤绿叶的特质。

闷黄

黄茶的独有工序，其原理即经高温杀青后，酶的活性遭到破坏，阻碍发酵。影响闷黄的因素主要有茶叶的含水量和叶温。

揉捻

将杀青过的茶叶像揉面一样揉，目的是揉破叶细胞，使茶叶成分容易溶解，以利冲泡；揉捻的轻重不同，可塑造不同的茶叶风味：轻揉捻，茶性清扬；重揉捻，茶性低沉。

渥堆

黑茶的独有工序。将鲜叶堆成堆，保持一定的温度和湿度，用麻袋盖好，使其发酵。

干燥

茶叶初制的最后一道工序，不同种类的茶，其干燥方式有些许差异，但目的都是为了令茶叶中多余的水气蒸发，抑制茶叶中酶的氧化，固定干茶的形状，提高茶香。干燥温度、投叶量及操作方法，是左右茶叶最终品质的重要因素。

根据制造方法的不同和品质上的差异，茶叶可以分为绿茶、黑茶、黄茶、红茶、乌龙茶（青茶）和白茶，下面是六大茶类在制作工艺上的差异。

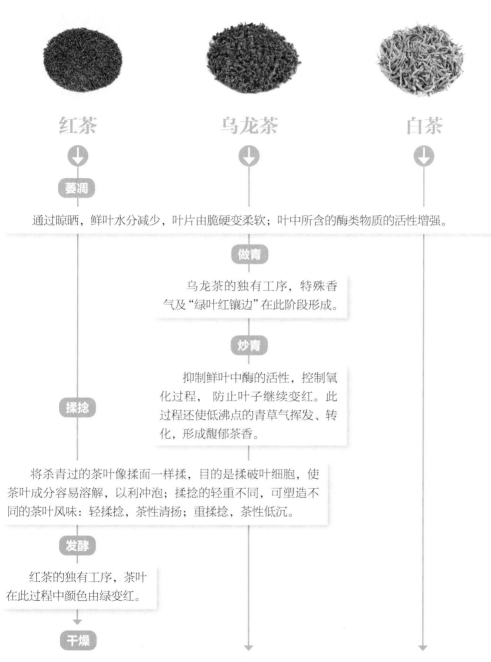

红茶 ↓ **乌龙茶** ↓ **白茶** ↓

萎凋

通过晾晒，鲜叶水分减少，叶片由脆硬变柔软；叶中所含的酶类物质的活性增强。

做青

乌龙茶的独有工序，特殊香气及"绿叶红镶边"在此阶段形成。

炒青

抑制鲜叶中酶的活性，控制氧化过程，防止叶子继续变红。此过程还使低沸点的青草气挥发、转化，形成馥郁茶香。

揉捻

将杀青过的茶叶像揉面一样揉，目的是揉破叶细胞，使茶叶成分容易溶解，以利冲泡；揉捻的轻重不同，可塑造不同的茶叶风味：轻揉捻，茶性清扬；重揉捻，茶性低沉。

发酵

红茶的独有工序，茶叶在此过程中颜色由绿变红。

干燥

茶叶初制的最后一道工序，不同种类的茶，其干燥方式有些许差异，但目的都是为了令茶叶中多余的水气蒸发，抑制茶叶中酶的氧化，固定干茶的形状，提高茶香。干燥温度、投叶量以及操作方法，是左右茶叶最终品质的重要因素。

第二章

消食提神红精灵：红茶

　　世界上最早的红茶产自我国福建武夷山。红茶属于全发酵茶，以茶树的芽叶为原料，经过萎凋、揉捻、发酵、干燥等工艺精制而成。茶汤以红色为主色调，有"红汤、红叶"和"香甜味醇"的特点。红茶茶树生长在我国江浙和两广等地，主要品种有祁门红茶、正山小种等。红茶配以牛奶和糖饮用，能够保护胃黏膜。柠檬红茶更是当下的时尚健康饮品。本章介绍的8种红茶，主要分布在8个省份，生长环境的差异，造就了它们各自不同的品质特点。

祁门红茶

利尿养胃 分解毒素

祁门红茶产于安徽祁门、东至、贵池、石台、黟县，以及江西浮梁一带，简称"祁红"。茶园多分布于海拔 100~350m 的山坡与丘陵地带，高山密林成为茶园的天然屏障。这里气候温和，年均气温 15.6℃，空气相对湿度为 80.7%，年降水量 1 600mm 以上，土壤主要由风化岩石的黄土或红土构成，含有较丰富的氧化铝与铁质，非常适于茶树生长。当地茶树高产质优，生叶柔嫩，水溶性物质含量丰富，以 8 月鲜味最佳。茶区中的"浮梁工夫红茶"是祁红中的佳品，以"香高、味醇、形美、色艳"闻名于世。

性状
叶底鲜红明亮，
有蜜糖果香。

汤色
红艳明亮。

品鉴指数 ★★★★

口味
滋味甘鲜醇厚。

适宜人群
一般人群都可饮用，
特殊禁忌者除外。

主要功效
利尿，养胃，解毒。

性状特点
条索紧细匀整，峰苗秀丽。

挑选储藏

优质祁门红茶的茶芽含量高，条形细紧（小叶种）或肥壮紧实（大叶种），色泽乌黑有油光；茶条上金色毫毛较多；如条件允许，可观其汤色，祁门红茶汤色红艳，碗壁与茶汤接触处有一圈金黄色的光圈，俗称"金圈"。祁门红茶可选择以铁罐储藏，储存前，检查罐身与罐盖是否密闭，不能漏气；将干燥的祁门红茶装罐，然后密封放于阴凉处。

制茶工序

祁门红茶的采摘期为每年的 4 ~ 9 份。采摘完的祁门红茶按照茶级别及芽叶的标准和组成比例的不同开始制作，经过萎凋、揉捻、发酵、烘干和精制等工序制成。精制时，要将原来长短、粗细、直弯不一的毛茶，加以筛分、整形等，使之外形匀齐美观。

🍵 评茶论道

很多加拿大人喜爱英式热饮高档红茶。这类红茶利用鸡尾酒的摇茶器，将传统红茶、绿茶或乌龙茶，拌上各种果汁、香料后，经摇拌调制而成。在加拿大温哥华，泡沫红茶不但受华裔学生的喜爱，也被当地人喜欢，后者甚至比华人更爱喝。很多加拿大人有较强的保健观念，近年来选择有机茶的人越来越多，不仅红茶受到欢迎，绿茶受到的关注也越来越多。

❤ 茶疗养生

窈窕素馨茶

【材料】祁门红茶 2 ~ 3g，素馨花适量。

【做法】将素馨花与祁门红茶放入茶壶，加沸水冲泡，约2分钟即可饮用。

【茶疗功效】对减脂瘦身有一定功效。

🍵 妙用保健

利尿：在祁门红茶中的咖啡因和芳香物质的联合作用下，肾脏的血流量开始增加，同时肾小球的过滤率提高，肾微血管扩张，抑制了肾小管对水的再吸收，促使人体排尿量增加。

解毒：祁门红茶中的茶多酚能吸附重金属和生物碱，并沉淀分解，这对生活在饮用水和食品或多或少受到工业污染环境中的现代人来说大有帮助。

养胃：祁门红茶是经发酵烘制而成的，其所含的茶多酚在氧化酶的作用下发生酶促氧化反应，对胃有一定的养护作用。

❶ 准备

祁门红茶 2 ~ 3g，茶壶1个，茶匙1把，茶杯、茶荷各1个，茶巾1条等。

❷ 投茶

用茶匙将茶荷中的红茶拨入壶中，人称"王子入宫"，祁门红茶也被誉为"王子茶"。

❸ 冲泡

以沸水（100℃左右）高冲，充分浸润茶芽，从而利于其香、味的充分发挥。

❹ 分茶

将泡好的祁门红茶倒入茶杯，七分满即可。

❺ 赏茶

其香浓郁高长，令人沉醉；红艳的茶汤，嫩软红亮的叶底，芬芳绚丽。

❻ 品茶

祁门红茶以鲜爽、浓醇为主，滋味醇厚，回味绵长。品茶时缓啜品饮，徐徐体味茶之真味，方得茶之真趣。

祁红牛肉

材料

牛肉 1000g，祁门红茶10g，红枣 2颗，姜、花椒、大葱段、八角、红辣椒丝、盐、糖、食用油各适量。

制作

❶ 将祁门红茶泡入沸水中，2分钟后除去茶渣，茶汁备用。

❷ 将牛肉用水洗净，切小块，放入锅内加红茶汁，以小火炖熟，捞出。

❸ 锅内倒食用油，烧至八成热时，放入姜、花椒、八角、红辣椒丝炒香，倒入煮熟的牛肉，加盐、糖、红枣炖20分钟，起锅放入大葱段即可。

口味

口感酥软鲜嫩，滋味甘醇。

正山小种

消炎杀菌 抗衰防老

正山小种在欧洲最早被称为"武夷"，即现在武夷地名的谐音，在英国，它是中国茶的象征。后因贸易繁荣，当地人为区别其他假冒的小种红茶扰乱市场，故取名"正山小种"。其制作工序分为传统制法和非传统制法。以传统揉捻机自然产生的红碎茶滋味浓，但产量较低。非传统制法的红碎茶彻底改变了传统的揉捻方法，其萎凋叶通过两个不锈钢滚轴间隙，不到1秒钟的时间就达到破坏叶片细胞的目的，同时使叶子全部轧碎呈颗粒状；青叶经萎凋、揉捻、发酵完成后，再用带有松柴余烟的炭火烘干。

性状
叶底欠匀净，
香气高长。

汤色
红艳明亮。

品鉴指数 ★★★★

口味
滋味醇厚，带有桂圆味。

适宜人群
一般人群都可饮用，
特殊禁忌者除外。

主要功效
防心梗，抗菌，抗衰老。

性状特点
条索肥壮，紧结圆直。

挑选储藏

优质正山小种最独特之处在于其特殊的桂圆味，香气高长，挑选时要认准这一点。正山小种红茶储藏简易，只要常温密封保存即可。因其是全发酵茶，一般存放1~2年后，滋味会变得更醇厚甘甜。

品种辨识

碎茶
颗粒重实匀齐，色泽乌润或泛棕，内质香气馥郁，汤色红艳。

叶茶
条索紧结匀齐，色泽乌润，内质香气芬芳。

末茶
沙粒状，色泽乌黑或灰褐，内质汤色深暗，香低味粗涩。

片茶
木耳形的屑片或皱褶角片，色泽乌褐，内质香气尚醇。

📋 评茶论道

佛教在汉朝传入我国，从此便与茶结下了不解之缘。茶与佛教修身养性的要求极为契合，僧人饮茶可助其静心除杂，当然会倍加喜爱茶。唐宋时期，佛教盛行，寺必有茶。很多寺院专门设有"茶堂"，以备香客品茶、论佛之用。中晚唐时，百丈怀海和尚创立《百丈清规》，寺院的茶礼从此趋于规范。自古名寺出名茶，我国不少名山寺庙都种有茶树，出产名茶。无论在茶的种植、饮茶习俗的推广、茶宴形式、茶文化对外传播方面，佛教都作出了巨大的贡献。

💛 茶疗养生

玫瑰乌梅茶

【材料】正山小种 2～3g，玫瑰花 5 朵，乌梅 3 颗。

【做法】将乌梅入锅，加适量水煮至沸腾，关火取乌梅汁；把乌梅汁冲入盛放正山小种的杯中，撒上玫瑰花浸泡后即可饮用。

【茶疗功效】有助于消除腹部脂肪。

☕ 妙用保健

抗衰老：正山小种有较强的抗衰老功效，其抗衰效果不亚于大蒜、西蓝花和胡萝卜等。

抗菌：用茶汤漱口可防病毒引起的感冒，并可预防蛀牙，因正山小种有抗菌之效。

防心梗：饮用茶汤 1 小时后，测得经心脏的血流速度改善，可验证正山小种有一定的预防心肌梗死的功效。

❶ 准备

正山小种 2～3g，茶壶 1 个，茶匙 1 把，茶杯、茶荷各 1 个等。

❷ 投茶

用茶匙将正山小种置入茶壶中。

❸ 冲泡

用沸水冲泡干茶，冲水约八分满，泡 3 分钟左右。

❹ 分茶

将泡好的正山小种倒入杯中，七分满即可。

❺ 赏茶

缕缕清香沁人心脾，嫩软红亮的叶底更是赏心悦目。

❻ 品茶

待茶汤冷热适口时，慢慢小口饮用，用心品茗，回味绵长。

红茶鹌鹑蛋

材料

鹌鹑蛋 20 个，正山小种 2g，猪油 30g，盐、酱油、姜片各适量，桂皮、大茴香、小茴香各少许。

制作

❶ 鹌鹑蛋洗净后放入冷水锅中，开火，水煮沸后再煮 3 分钟，然后把鹌鹑蛋捞出浸泡在冷水中至凉。

❷ 将蛋壳轻轻剥去后再放入锅中，加入正山小种、猪油、酱油、盐、姜片、桂皮、大茴香、小茴香，加水以淹没蛋为准。

❸ 用大火煮沸，再改用小火煮至香味四溢时即成。可依个人喜好用欧芹装饰。

口味

口感细腻，香气飘逸。

滇红

缓解口干 利尿杀菌

滇红产于云南南部与西南部的临沧、保山、西双版纳等地，是云南红茶的统称，可分为滇红工夫茶和滇红碎茶两种。其产地群峰起伏，平均海拔1000m以上；属亚热带气候，年均气温18～22℃，昼夜温差悬殊；森林茂密，腐殖层深厚，土壤肥沃，茶树高大，芽壮叶肥，生有茂密白毫，即使长至5~6片叶，叶仍质软而嫩。该茶叶中的多酚类化合物、生物碱等成分含量极高。滇红多以中、小叶种红碎茶拼配形成，成品茶有叶茶、碎茶、片茶、末茶4类共11种。

性状
叶底红润匀亮，
显金毫。

汤色
色泽红艳，
香气甘醇。

品鉴指数 ★★★★★

口味
滋味鲜爽浓厚。

适宜人群
一般人群都可饮用，
特殊禁忌者除外。

主要功效
缓解口干，杀菌，利尿。

性状特点
外形颗粒重实，
匀齐，纯净。

挑选储藏

优质滇红茶汤色红艳带金黄圈，如汤色太红，说明其发酵过度，是劣质滇红。此外，优质滇红味道纯正香甜，汤色清澈，叶底嫩软红亮。储藏时，可用干燥无异味的密闭陶瓷坛，用牛皮纸把茶叶包好，分置于坛的四周，中间嵌放1个石灰袋，将茶叶包放在上面，装满坛后，用棉花包盖紧。石灰隔1～2个月更换一次，这是利用生石灰的吸湿性能的保存法，使茶叶不受潮，效果较好。

制茶工序

采来茶树鲜叶后，先经萎凋、揉捻或揉切、发酵、干燥等工序而制成成品茶；再加工制成滇红工夫茶，滋味醇和；又经揉切制成滇红碎茶，滋味强烈、富有刺激性。上述各道工序，长期以来均为手工操作。滇红被外销至欧洲、北美洲等30多个国家和地区。

🥣 评茶论道

很多法国人饮红茶时，习惯采用冲泡或烹煮的方法，类似于英国人饮红茶的习俗。他们通常取一小撮红茶或一小包袋装红茶放入杯内，冲入沸水，再配以糖或牛奶；有的地方也有在茶中拌以新鲜鸡蛋液，再加糖冲饮的习惯；法国还曾流行瓶装茶水加柠檬汁或橘子汁；还有的法国人在茶水中掺入杜松子酒或威士忌酒，制成清凉的鸡尾酒。在香榭丽舍大街边，细细品味加香红茶已成为一种时尚。

♥ 茶疗养生

怡情西瓜茶

【材料】滇红 2 ~ 3g，西瓜适量。

【做法】将滇红放入茶杯，用沸水冲泡，将西瓜去皮，切丁后放入茶水中，稍等片刻即可饮用。

【茶疗功效】有助于清热利湿、消脂瘦身。

☕ 妙用保健

利尿：肾脏的血流量会在滇红所含的咖啡因和芳香物质的联合作用下增加，肾小球的过滤率提高，肾微血管扩张，肾小管对水的再吸收受到抑制，尿量因此增加。

杀菌：实验发现滇红所含的儿茶素类物质能与细菌结合，凝固沉淀其蛋白质，因此常饮滇红可抑制和消灭病原菌。

缓解口干：滇红中的多酚类等物质与唾液产生化学反应，刺激唾液腺分泌唾液，使人感觉口腔湿润。

品饮赏鉴

红茶

① 准备

滇红 2 ~ 3g，瓷杯、赏茶盘各 1 个，茶匙 1 把等。

② 投茶

用茶匙将滇红投入瓷杯中。

③ 冲泡

将沸水注入瓷杯中，让茶叶在瓷杯中上下翻腾。

④ 分茶

将泡好的滇红茶倒入杯中，以七分满为宜。

⑤ 赏茶

茶芽徐徐伸展，叶底变得嫩软红亮，桂圆香味醉人心扉。

⑥ 品茶

伴着醉人的香气，慢慢吞咽品茗，滋味鲜爽甘甜，回味绵长。

茶点茶膳

山药粳米粥

材料

粳米 200g，山药粉 50g，滇红茶粉 5g，白糖 5g。

制作

❶ 粳米淘洗干净，备用；山药粉放入盆中，调入清水搅拌成糊；盆内加入滇红茶粉，拌匀。

❷ 锅置火上，加入适量清水和粳米，再将混匀的茶粉山药糊倒入锅中，以小火煮至熟，加入白糖调味即可。

口味

润口爽滑，香甜可口。

103

九曲红梅

提神解毒 预防血栓

九曲红梅产于浙江西湖区周浦乡的湖埠、上堡、大岭、张余、冯家、社井、仁桥、上阳、下阳一带，简称"九曲红"。其生长环境为沙质土壤，土地肥沃，四周山峦环抱，林木葱郁，遮蔽风雪，掩映秋阳；地临钱塘江畔，江水蒸腾，山上朝夕云雾缭绕，适宜茶树生长，故所产茶叶品质优良。九曲红梅经萎凋、揉捻、发酵、干燥等4道工序制作而成，品质以大坞山（地属湖埠）所产的居上；上堡、大岭、冯家、张余一带所产的被称为"湖埠货"，品质居中；社井、上阳、下阳、仁桥一带所产的被称为"三桥货"，品质居下。

性状
叶底红艳成朵。

汤色
红艳明亮。

品鉴指数 ★★★★★

口味
滋味浓郁，香气芬馥。

适宜人群
一般人群都可饮用，特殊禁忌者除外。

主要功效
提神，防血栓，解毒。

性状特点
条索细若发丝，弯曲细紧如银钩。

挑选储藏

优质九曲红梅的外形条索紧细、匀齐，金毫多，色泽乌润。如正在挑选的九曲红梅条索粗松、匀齐度差、色泽枯暗，则为劣质产品，不宜购买。此茶要低温干燥储藏，避免强光照射。

制茶工序

九曲红梅的制作工序共4道，分别是萎凋、揉捻、发酵、干燥。萎凋是让鲜叶在一定条件下，均匀地散失适量的水分，减小细胞张力，使叶质变软，为揉捻创造物理条件。揉捻主要指使萎凋叶操卷成条，充分破坏叶细胞组织，让叶汁溢出。发酵主要指在正常的萎凋、揉捻的基础上，增强酶的活化程度，促进多酚类化合物的氧化缩合，形成红茶特有的色泽和滋味。干燥有两种方法，即毛火和足火。毛火要求抑制酶的活性，令叶内水分散失。足火要求低温慢烤，蒸发水分，发散香气。

🍵 茶之传说

相传灵山大坞盆地，有一对年近 60 才喜得贵子的老夫妻，他们给儿子起名"阿龙"。一天，阿龙见两只溪虾争抢一颗小珠子，觉得好奇，他就把珠子捞起含在嘴里，一不小心，珠子滑到了肚子里。到家后，阿龙觉得浑身痱痒难忍，吵着要洗澡，一进浴盆即变成一条乌龙飞出屋外，跃进溪里，向远处游去。老夫妻哭叫着拼命追赶。乌龙留恋双亲，连游九程九回头。于是有了一条九曲十八弯的溪道，一直通往钱塘江。"九曲乌龙"的传说因此被传开。

❤️ 茶疗养生

冰镇菠萝柠檬茶

【材料】九曲红梅 3g，柠檬 1 片，菠萝汁 20ml，白糖 50g，冰块适量。

【做法】用沸水冲泡九曲红梅，加入白糖，茶水凉后倒入菠萝汁、柠檬片，加冰即可饮用。

【茶疗功效】对提神、解除疲劳有一定的功效。

🍵 妙用保健

提神：九曲红梅中的咖啡因可刺激大脑皮质、兴奋神经，能提神，令人注意力集中，让思维更加敏捷。

防血栓：九曲红梅中的多酚类抗氧化物，具有一定的抗凝和促纤溶作用，可防止血栓的形成。

解毒：九曲红梅中的茶多酚能吸附重金属和生物碱，并促使其排出体外，起到一定的解毒作用。

品饮赏鉴

红茶

① 准备

瓷杯 1 个，九曲红梅 2 ~ 3g，赏茶盘 1 个，茶匙 1 把等。

② 投茶

用茶匙将九曲红梅放入瓷杯。

③ 冲泡

向瓷杯中注入沸水，充分浸润茶叶。

④ 分茶

将泡好的九曲红梅倒入杯中，七分满即可。

⑤ 赏茶

茶芽徐徐舒展，香气袭人，叶底嫩软红亮，一片芬芳。

⑥ 品茶

品茶时，小口慢慢吞咽，鼻舌并用，品出茶香。

茶点茶膳

九曲红梅开口笑

材料

面粉 200g，发酵粉 3g，青萝卜 120g，九曲红梅 10g，鸡蛋 2 个，色拉油 400ml，盐适量。

制作

❶ 将面粉和发酵粉拌匀；将青萝卜洗净，去皮后切成丝；将鸡蛋打入碗中；将九曲红梅用开水泡开后切碎。

❷ 将拌好发酵粉的面粉、萝卜丝、茶叶碎、鸡蛋、盐放入容器中，加适量清水搅拌均匀，用手抓成团，做成适当大小的小圆球。

❸ 锅中倒入色拉油，加热油锅，倒入小圆球，以小火炸至圆球稍稍裂开，再改以大火炸酥即可。可依个人喜好用欧芹装饰。

口味

酥软香甜，营养丰富。

川红

舒张血管 壮骨抗癌

  川红是工夫红茶的一种，较为有名的品种有"林湖""宫殿""节日之夜""早白尖"等。川红生长环境为长江流域以南的边缘地带，包括宜宾、江律、内江、涪陵四地区及重庆、自贡两市所属部分地区。这里的茶树发芽早，比川西茶区早39~40天，采摘期长40~60天，全年采摘期长达210天以上。宜宾地区所产川红每年4月即可进入国际市场，以"早"和"新"取胜，其珍品"早白尖"，以"早、嫩、快、好"的优良品质，在国内外茶界享有盛誉。

性状
叶底厚软红匀。

汤色
色泽浓亮。

品鉴指数 ★ ★ ★ ★ ★

口味
滋味醇厚鲜爽。

适宜人群
一般人群都可饮用，特殊禁忌者除外。

主要功效
舒张血管，抗癌，强壮骨骼。

性状特点
条索肥壮圆紧，显金毫，色泽乌黑油润。

挑选储藏

  优质川红香气清鲜，带有橘糖香，条索肥壮圆紧，显金毫，色泽乌黑油润。如果条件允许，选购时可以通过冲泡来观察其汤色，浓亮红匀的为优质川红。其储存方法要求密封、低温、干燥，避免挤压。

制茶工序

  川红精选本土优秀茶树品种种植，以提采法甄选早春幼嫩饱满的芽叶。其采摘标准对芽叶的嫩度要求较高，基本上是以一芽二三叶为主的鲜叶制成。生产川红的厂家较多，采制情况和制作方式也有一定的区别，比较常用的制作工序有萎凋、揉捻、发酵、干燥和精制等。

🍵 评茶论道

在我国茶史上，有很多专门研究茶叶的人员，也有许多爱茶人士，他们留下的书籍和文献记录了大量关于茶史、茶事、茶人、茶叶生产技术、茶具等内容，这些书籍和文献被后人称为茶典。我国著名的茶典有：《茶经》《十六汤品》《茶录》《大观茶论》《茶具图赞》《茶谱》《茶解》等。这些茶典为人们提供了有关茶种植、生产的科学技术，对现代茶的发展发挥了重要的作用。

❤ 茶疗养生

冬虫夏草茶

【材料】冬虫夏草 5g，蜂蜜 2 ~ 3g，川红适量。

【做法】将冬虫夏草放入锅中，加适量水煎煮半小时左右，再将川红放入锅中，约煮 5 分钟后，晾至温热，加入蜜蜂调匀即可。

【茶疗功效】对改善体虚症状、强健身体有一定功效。

☕ 妙用保健

舒张血管：川红中的生物碱可松弛平滑肌，还可舒张血管。

强壮骨骼：川红中的无机成分可为人体补充矿物质，进而强壮骨骼。

抗癌：川红中的茶多酚有抗癌作用，能抑制癌细胞的增殖。

品饮赏鉴

1 准备

川红 2 ~ 3g，瓷杯、赏茶盘各 1 个，茶匙 1 把等。

2 投茶

用茶匙将川红从茶仓中取出，放入瓷杯中。

3 冲泡

用沸水冲泡干茶，以浸润茶芽为宜。

4 分茶

将泡好的川红倒入茶杯饮用，以七分满为宜。

5 赏茶

在沸水的冲泡下，茶芽舒展开来，瓷杯内一片红亮，暗香浮动。

6 品茶

待茶汤冷热适中时，小口慢慢品茗，回味绵长。

茶点茶膳

川红烧麦

材料

猪肉 250g，鲜香菇 100g，青椒 2 个，川红茶末 3g，糯米、面粉、酱油、盐、油各适量。

制作

❶ 将猪肉洗净，切成末；将香菇、青椒洗净后剁碎。

❷ 将糯米浸泡 2 小时后，上笼蒸熟；把面粉和团。

❸ 锅中放油，油热后放肉末炒至变色，加香菇和青椒一起翻炒，加盐、茶末、酱油和适量水并炒匀；将蒸好的糯米倒进去翻炒，汤汁略干时即可出锅，即为馅。

❹ 把面擀成圆片，加馅包好，放入锅中蒸 10 分钟即可。

口味

喷香可口，软糯鲜香。

宁红

抗菌止泻 强心解毒

宁红产于江西修水，位于幕阜、九宫两大山脉间，山多田少，树木苍青，雨量充沛，土质富含腐殖质；春夏之际，浓雾天气达 80~100 天。宁红茶芽肥硕，叶肉厚软，需采摘生长旺盛、芽头硕壮的蕻子茶，多为一芽一叶至一芽二叶的鲜叶，芽叶大小、长短要求一致。清道光年间，宁红声名显赫；之后，宁红畅销欧美，成为中国名茶；清末战乱，宁红受到严重摧残；新中国成立后，获得很好的恢复和发展，改原来的"热发酵"为"湿发酵"，品质大大提高，深受海内外饮茶者的喜爱。

性状
叶底厚软红嫩。

汤色
色泽浓亮红艳。

品鉴指数 ★★★★

口味
滋味醇厚甘和。

适宜人群
一般人群都可饮用，特殊禁忌者除外。

主要功效
防心梗，解毒，止泻。

性状特点
茶芽肥硕，叶肉厚软。

挑选储藏

优质宁红的茶芽含量较高，条形细紧或肥壮紧实，色泽乌黑有油光，茶条上金色毫毛较多，香气浓郁。若条形松而轻、色泽乌稍枯、缺少光泽、无金毫、香带粗气则为劣质宁红。储藏宁红时，要求低温、干燥、密封；条件允许时，也可放于冰箱中存储。

制茶工序

宁红要求于谷雨前采摘生长旺盛、芽头硕壮的蕻子茶，经萎凋、揉捻、发酵、干燥后初制成红毛茶；然后经筛分、抖切、风选、拣剔、复火、匀堆等工序精制而成。宁红成品茶分为特级与一至七级，共 8 个等级。

🍵 评茶论道

日本茶道非常讲究，茶室要幽静，茶叶要精细，茶具要干净，茶师动作要规范，既有节奏感，又准确到位。接待宾客时，客人入座后，茶师按规定动作点炭火、煮开水、冲茶，然后依次献给宾客。客人要双手接茶，先致谢，尔后三转茶碗，轻品、慢饮，奉还茶碗。饮茶完毕，客人要对茶具进行鉴赏。最后，客人向主人跪拜告别，主人热情相送。

❤ 茶疗养生

宁红果汁茶

【材料】菠萝 1/4 个，柠檬汁、广柑果粒各 1 匙，冰糖 20g，宁红 3g。

【做法】菠萝取果肉，与其他材料一起放入锅中，加适量水后以小火加热，煮沸后倒入茶杯即可。

【茶疗功效】有助于增强人体的抗病能力。

🍵 妙用保健

防心梗： 饮用宁红 1 小时后，测得经心脏的血流速度改善，说明宁红有一定的防心梗的效用。

解毒： 宁红中所含茶多酚可以与一些重金属元素，如铅、锑、汞等发生化学反应，产生沉淀，通过尿液排出体外，减少毒素在人体内的存留时间。

抗菌止泻： 宁红含有脂肪酸和芳香酸等有机酸，具有杀菌的作用，而且茶内的鞣质类成分也具有抗菌的作用，适当饮用宁红还有止泻的功效。

品饮赏鉴

红茶

① 准备

瓷杯 1 个，宁红茶 2 ~ 3g，茶盘 1 个，茶匙 1 把等。

② 投茶

用茶匙将宁红茶从茶仓中取出，轻轻放入瓷杯中。

③ 冲泡

向瓷杯中注入沸水，充分浸泡干茶。

④ 分茶

将泡好的宁红茶倒入杯中，七分满即可。

⑤ 赏茶

舒展开来的茶芽亭亭玉立在水色亮红的瓷杯中，香气飘散，芬芳无限。

⑥ 品茶

茶汤冷热适中时，开始细啜慢饮，滋味醇厚甘爽，回味绵长。

茶点茶膳

宁红虾球

材料

虾仁 750g，淀粉 20g，鸡蛋 3 个，宁红茶末 3g，红椒丝、香葱段各 15g，猪油 50g，味精、盐各适量。

制作

❶ 鸡蛋取蛋液，加淀粉、茶末、盐、味精和切碎的虾仁，搅匀，即为虾仁糊。

❷ 炒锅置旺火上，加猪油，化开后烧至七成热，一边用筷子在油锅内顺时针划动，一边用勺子将虾仁糊剜成小球，分别放入油锅。

❸ 炸至虾仁球酥脆时，迅速用漏勺捞起，沥油。

❹ 用筷子拨松装盘，撒上红椒丝、香葱段即可食用。

口味

酥脆可口，营养丰富。

红碎茶

抗菌利尿 预防中风

红碎茶也称"分级红茶""红细茶",属于小颗粒型红茶。我国红茶的碎片茶由来已久,即在工夫红茶的加工过程中,由于筛切工序自然产生的芽尖、片末茶,经筛分整理为芽茶、碎茶,副茶有花香、茶末及茶梗等。红碎茶是国际茶叶市场的大宗产品,目前占世界茶叶总出口量的80%左右。我国红碎茶生产遍及全国各主要茶区,各种制法的红碎茶均有生产。其制法主要有传统制法、转子制法、C.T.C制法、L.T.P制法等。红碎毛茶经精制加工后又被分为叶茶、碎茶、片茶、末茶四类。

性状
叶底红嫩多芽。

汤色
红艳明亮。

品鉴指数 ★★★★★

口味
滋味浓烈鲜爽。

适宜人群
一般人群都可饮用,特殊禁忌者除外。

主要功效
抗菌,利尿,防中风。

性状特点
颗粒紧实呈短条状,色泽乌黑油润。

挑选储藏

优质红碎茶色泽乌润,细致均匀,香气纯香,无异味,手感紧实圆润;冲泡后颜色鲜红明亮。可将红碎茶放在冰箱的冷藏室中,温度调为5℃左右最适宜。在这个温度下,茶叶可以保持很好的新鲜度,一般可以保存一年以上。

制茶工序

传统红碎茶制法是在采摘的鲜叶经萎凋后,采用平揉、平切,后经发酵、干燥制成。该类产品外形美观,内质香味刺激性较小,因成本较高,目前我国仅有很少地区生产。后来卧式揉捻机开始出现,部分厂(场)联装成自动流水线。将萎叶放进卧式揉捻机打条,再经转子机切碎,避免平面揉捻机不利联装的缺点。现在国内很多茶厂都按此法生产红碎茶。

📖 评茶论道

清代画家蒲作英的《茶熟菊开图》为后人展现了清新娴雅的品茗环境。画的正中央是一柄大的东坡提梁壶，壶后有一块太湖石，该石大孔小穴、窝洞相套、上下贯穿、四面玲珑，看上去颇为别致。在太湖石后面有两朵盛放的菊花。在画的上方一角有一题款，内容为："茶已熟，菊正开，赏秋人，来不来。"图文相配，相得益彰，意境悠远。

♥ 茶疗养生

菠萝红茶

【材料】红碎茶 2 ~ 3g，菠萝肉 100g，菠萝汁 3 大匙，柠檬汁 1 小匙，冰糖适量。

【做法】将菠萝肉加适量水煮 10 分钟，再加其他材料，沸后滤汁倒入茶器即可。

【茶疗功效】有助于生津止渴、消暑除烦。

☕ 妙用保健

防中风：红碎茶中的类黄酮化合物，其作用和抗氧化剂相似，能防止中风并预防心脏病。

利尿：红碎茶中的咖啡因有刺激肾脏的功效。喝茶后，咖啡因进入体内，刺激肾脏，促使尿液被迅速排出体外。

抗菌：红碎茶中的醇类、醛类、酯类、酚类等有机化合物进入人体，被人体吸收后，有杀菌消炎的功效。

① 准备

赏茶盘 1 个，茶匙 1 把，瓷杯 1 个，红碎茶 2 ~ 3g 等。

② 投茶

用茶匙将红碎茶从茶仓中取出，放入瓷杯中。

③ 冲泡

向瓷杯中注入沸水，充分浸泡干茶，摇动瓷杯使茶叶均匀受热。

④ 分茶

将泡好的红碎茶倒入茶杯，以七分满为宜。

⑤ 赏茶

茶芽缓缓舒展，瓷杯中水色转为亮红，香气飘散，沁人心脾。

⑥ 品茶

待茶汤冷热适中时，小口慢慢吞咽茶汤，齿颊留香，回味无穷。

茶点茶膳

深井烧鹅

材料

鹅 1 只，红碎茶粉 2g，盐、五香粉、柱候酱、白糖、沙姜粉、生抽、米醋、麦芽糖各适量。

制作

❶ 将鹅宰杀，洗净，内脏由尾部取出，勿弄破外皮；在其颈背开小孔，以气泵打气，使其皮鼓起。

❷ 将盐、五香粉、柱候酱、白糖、沙姜粉、生抽拌匀，填进鹅肚中，用鹅尾针穿好尾洞。

❸ 将米醋、麦芽糖、红碎茶粉用热水搅匀，淋在鹅身上。

❹ 将鹅挂入预热为 230℃的烧炉里，炉温控制在 220~225℃，烧 30~50 分钟即可。

口味

色泽金红，味美可口。

宜红

消炎抗菌 抗癌镇痛

宜红全称"宜昌工夫红茶"，是我国主要工夫红茶品种之一。宜红问世于19世纪中叶，当时汉口被列为通商口岸，英国大量收购红茶，宜昌成为红茶的转运站，宜红因此得名。产于武陵山系和大巴山系境内，因古时均在宜昌地区进行集散和加工，所以被称为"宜红"。茶区多分布在海拔 300~1 000m 的低山和半高山区，温度适宜，降水丰富，土壤松软，非常适宜茶树的生长。

性状
叶底红亮柔软。

汤色
红艳透亮，稍冷有"冷后浑"的现象。

品鉴指数 ★ ★ ★ ★

口味
滋味鲜爽醇甘。

适宜人群
一般人群都可饮用，特殊禁忌者除外。

主要功效
消炎，抗菌，抗癌。

性状特点
叶条紧结秀丽，色泽乌润，金毫显露。

挑选储藏

优质宜红叶条紧结，色泽乌润，金毫显露；冲泡后汤色红艳透亮，滋味鲜爽回甘。宜红要密封、低温（0~5℃）、干燥储藏，避免强光照射，不要将其和有异味的物品存放在一起。

制茶工序

宜红于每年清明至谷雨前采摘，以一芽一叶及一芽二叶的鲜叶为主，现采现制，以保持鲜叶的有效成分。宜红茶的加工分为初制和精制两大过程。初制包括萎凋、揉捻、发酵、烘干等工序，使芽叶由绿色变成紫铜红色，香气透发；精制的工序复杂，要提高茶叶干度，保持其品质，最终制成成品茶。

🍵 评茶论道

云南西双版纳的布朗族，在新人举行婚礼的当天，不管家庭穷富，女方父母在给女儿的嫁妆中，茶树是必不可少的。苍山脚下的白族人，从订婚到结婚的这段时间，他们必须以茶代礼，且在婚礼这天，新郎、新娘还要给前来闹洞房的人敬上三道茶，象征"一苦二甜三回味"。三道茶献罢，人们方可闹洞房。少了这一程序，便有不欢迎客人的意思。

💗 茶疗养生

佛手柑茶

【材料】佛手柑15g，宜红、白糖各适量。

【做法】将佛手柑、宜红、白糖以沸水冲泡即可饮用。

【茶疗功效】有助于健脾养胃、理气止痛。

☕ 妙用保健

抗菌： 宜红中的黄酮类化合物具有杀灭病菌、抗流感病毒的作用。

防癌抗癌： 宜红中的儿茶素是一种有效的自由基清除剂和抗氧化剂，具有抗癌的作用，对改善心脑血管疾病等也有一定的辅助疗效。

镇痛： 感冒时喉咙疼痛，可以用宜红茶水漱口，能在一定程度上减轻病痛。

① 准备

宜红茶2～3g，茶荷1个，水晶玻璃杯1个，茶匙1把，茶巾1条等。

② 投茶

用茶匙将茶荷中的茶叶轻轻放入水晶玻璃杯中。

③ 冲泡

先向水晶玻璃杯中冲入少量沸水浸润茶芽，10秒钟后以高冲法冲入70℃的水。

④ 分茶

将泡好的宜红茶倒入茶杯，以七分满为宜。

⑤ 赏茶

吸收了水分后，茶芽逐渐沉入杯底，条条挺立，轻盈灵动，观之尘俗尽去，生机无限。

⑥ 品茶

以闲适无为的情怀细啜慢品，方能品出茶中的物外高意。

黄金糊塌子

材料

西葫芦500～600g，面粉200g，鸡蛋3个，宜红茶末5g，青、红椒各适量，香油、盐、味精、五香粉、食用油各适量。

制作

❶ 西葫芦洗净，擦成细丝；将青、红椒洗净，切丝备用。

❷ 鸡蛋打散后倒入盆内，放入面粉、香油、味精、盐、宜红茶末、五香粉，加水搅拌成糊状，再加入西葫芦丝和青、红椒丝，搅匀。

❸ 不粘锅烧热，加入少许食用油，将搅拌好的糊状食材盛一勺倒入锅内，用铲子摊平，底面焦黄时，用铲子翻过来，双面焦黄即可。

口味

味道鲜美，风味独特。

茶具

盖碗

茶盖、茶碗、碗托一般须成套使用，这样既礼貌又美观；饮茶时，可以先揭开碗盖，闻盖香，再闻茶香，然后用碗盖拨开漂浮的茶叶，再饮用。

用途
一般用来饮花茶和绿茶。可以泡茶后分饮，也可以一人一套，直接冲泡茶叶。

材质
一般为瓷、玻璃等。

茶壶

新买的茶壶在使用前先用沸水泡几次，将里外刷洗干净，将壶内残留砂粒彻底清除，用泡过的茶叶擦洗效果更好。须注意，在泡茶的过程中，茶壶的嘴不要对着客人。

用途
冲泡茶叶。

材质
常用的有紫砂壶、瓷壶、玻璃壶等，根据冲泡茶叶的不同，选择不同的茶壶，壶的大小可根据人数多少而定。

茶杯

拿茶杯的方法是拇指和食指捏住杯身，中指托杯底，无名指和小指收好，持杯品饮；品乌龙茶时，茶杯和闻香杯搭配使用；可用牙膏清洗茶杯上的茶渍。

用途
饮茶器皿，一般饮乌龙茶用小杯，饮绿茶用大杯。

材质
有瓷、玻璃等，款式有斗笠形、半圆形、碗形，还有双层和单层之分。

茶盘

茶盘是用来盛茶杯等茶具的，不管什么材质和式样，都要宽、平、浅，以衬托茶杯、茶壶，使之看上去更雅观；双层茶盘容积有限，使用时要及时清理，以免废水溢出。

用途
放置茶具，盛放洗茶的废水等。

材质
有竹、木、瓷器、紫砂等，一般有单层茶盘和双层茶盘两种。

饮茶离不开茶具，因而茶具也成了茶文化不可分割的重要组成部分。茶具是指泡茶、饮茶的专门器具，主要包括盖碗、茶壶、茶杯、茶盘、闻香杯、公道杯等。

闻香杯

将茶汤倒入闻香杯，茶杯倒扣其上；托起闻香杯（连同茶杯），慢慢倒转，使其倒扣茶杯上（茶汁转到杯内）；拿起闻香杯，边闻边搓手，使之温度慢降，有助于茶香散发。

用途

闻茶香。

材质

一般为瓷和紫砂。如单闻香气，用瓷的，紫砂材质的会吸附香气；但从冲饮茶内质来说，紫砂材质的较好。

公道杯

为避免茶叶长时间浸泡在水里，使茶汤太浓太苦，人们将茶水倒在公道杯中；通常情况下，公道杯在容积上稍大于茶壶和盖碗。

用途

把泡好的茶汤先倒入公道杯，由公道杯分入各品茗杯，以使茶汤浓淡均匀。

材质

常用的有瓷、紫砂、玻璃材质。

茶荷

取放茶叶时，手不能与茶荷的缺口部位直接接触；拿茶荷时，一只手的拇指和其余四指分别捏住茶荷两侧，将茶荷置于虎口处，另一只手托住底部，请客人赏茶。

用途

暂时盛放从茶叶罐中取出的茶叶，茶艺表演中用来鉴赏干茶。

材质

有瓷质、木质等，多为瓷质。

其他茶具

除了以上茶具，还有茶叶罐、茶匙、茶巾、茶针等辅助用具。

茶叶罐

茶巾

茶针

茶匙

第三章

降脂解腻黑宝贝：黑茶

黑茶是我国特有的茶类，属于后发酵茶，采用的原料较粗老，是压制紧压茶的主要原料，经杀青、揉捻、渥堆、干燥制作而成。茶汤为暗褐色，有"黑叶、褐汤、松烟香味"的特点。黑茶树生长在我国川、桂和两湖等地，主要品种有湖南黑茶、湖北黑茶、六堡茶等。黑茶有很强的去肥腻、解荤腥的功效，对我国主食牛肉、羊肉和奶酪，饮食中缺少蔬果的西北少数民族而言，常饮黑茶能帮助消化；而黑茶中富含的维生素和矿物质，又能保证人体的营养摄入均衡。黑茶作为种类茶和原料茶，有它的特殊饮用群体，本章对黑茶进行图文并茂的阐述，为您揭开它的神秘面纱。

普洱散茶

护齿固齿 抗老美容

普洱散茶是产于云南思茅、西双版纳、昆明和宜良地区的一种条形黑茶，又称"云南普洱茶"。普洱散茶是普洱茶在制作过程中未经过紧压成型，茶叶状为散条形的茶，分为用整张茶叶制成的、索条粗壮肥大的叶片茶，用芽尖部分制成的、细小条状的芽尖茶两种。依品质其又可被分为高、中、低三个档次，级别高的芽多，级别低的叶多、梗多。此外，其他的茶贵在"新"，而普洱茶贵在"陈"，普洱茶往往会随着时间的推移而逐渐升值，因此被称为"可入口的古董"。

性状
叶底褐红均匀。

汤色
色泽红浓明亮。

品鉴指数 ★ ★ ★ ★

口味
滋味醇厚回甘。

适宜人群
一般人群都可饮用，特殊禁忌者除外。

主要功效
护齿，抗老，美容。

性状特点
状为散条，索条粗壮肥大。

挑选储藏

有些商人为掩盖劣质普洱散茶的气味，会加入菊花等花草。选购普洱散茶时，若看到茶中掺有菊花，或闻起来有花香，说明茶叶品质不纯正。普洱散茶要放于空气流通处，恒温储藏，此外，还要注意周围环境不要有异味，否则茶叶会变味。

制茶工序

普洱散茶有生茶和熟茶两种。生茶是以在符合普洱散茶产地环境的条件下生长的云南大叶种茶树鲜叶为原料，经萎凋、杀青、揉捻、晒干、蒸压、干燥成形制成的。熟茶是以在符合普洱散茶产地环境的条件下生长的云南大叶种晒青茶为原料，采用渥堆工艺，经后发酵加工形成的。

🍵 评茶论道

据《三国志·吴志·韦曜传》记载，吴国第四代皇帝孙皓，嗜酒好饮。每次设宴，客人都不得不陪他喝酒，"虽不尽入口，皆浇灌取尽"。但朝臣韦曜例外，他博学多闻，深得孙皓器重，但酒量小。所以孙皓常为韦曜破例，一发现韦曜无法拒绝客人的敬酒，就"密赐茶，以代酒"，这是我国历史记载中发现最早"以茶代酒"的案例。

❤ 茶疗养生

普洱蜜茶

【材料】普洱散茶3g，蜂蜜适量。

【做法】将普洱散茶放入杯中，注入沸水，晾至适宜温度后根据个人口味加入蜂蜜。

【茶疗功效】长期饮用有助于养颜、降脂。

🍵 妙用保健

护齿：普洱散茶含有许多生理活性成分，具有杀菌消毒的作用，可去除口腔异味，保护牙齿。

抗老：普洱散茶中的儿茶素类化合物具有抗衰老的作用。云南大叶种茶的儿茶素含量较高，抗衰老作用也较突出。

美容：普洱散茶被海外人士誉为"美容茶"，因其能调节新陈代谢，促进血液循环，有健肤、美容的效果。

❶ 准备

紫砂壶1个，茶杯1个，普洱散茶5g，茶匙1把，茶巾1条等。

❷ 投茶

用茶匙将普洱茶放入紫砂壶，茶叶约占壶身的1/5。

❸ 冲泡

以沸水冲泡，第一泡湿润茶芽后倒出；第二泡浸泡15秒即可倒出品尝；第二、三泡茶汤可混着喝；第四泡后，每增加一泡，浸泡的时间增加15秒，以此类推。

❹ 分茶

把公道杯中匀好的茶汤依次倒入品茗杯，七分满即可。

❺ 赏鉴

随着沸水的冲泡，汤色开始变得红亮，叶底褐红均匀。

❻ 品茶

普洱散茶是一种以味带动香气的茶，香气藏在味道里，口感较沉。

胡萝卜牛肉红豆汤

材料

牛肉300g，胡萝卜50g，红豆30g，普洱散茶5g，食用油、盐、葱花各适量。

制作

❶ 胡萝卜去皮洗净，切块；将红豆洗净；普洱散茶茶叶以开水泡10分钟，滤出茶汤备用。

❷ 将牛肉以开水余烫后洗净，加入一半茶汤和盐，使茶汤淹过材料；煮1小时，取出牛肉切成块状。

❸ 锅中加食用油烧热，放入牛肉块、胡萝卜块、红豆、清水和盐，加入剩余茶汤，继续熬煮。起锅时，撒入葱花即可。

口味

汤汁丰富，味道鲜香。

湖南黑茶

抗菌降压　解毒降脂

　　湖南黑茶是产于湖南省的各种黑茶的统称。湖南黑茶兴起于16世纪末期。其成品茶有"三尖""四砖""花卷"三个系列。湖南黑茶经杀青、初揉、渥堆、复揉、干燥等5道工序制作而成。随着人们生活水平的提高和对茶叶保健功能的逐步认识，黑茶逐渐成为人们喜爱的健康饮品。

性状
叶底黄褐。

汤色
色泽橙黄。

品鉴指数 ★ ★ ★ ★

口味
滋味香醇，带松烟香。

适宜人群
一般人群都可饮用，特殊禁忌者除外。

主要功效
抗菌，降压，解毒。

性状特点
条索紧卷，圆直，色泽黑润。

挑选储藏

　　优质湖南黑茶有发酵香，老茶有陈香，紧压砖面完整，有清晰的条文，侧面无裂缝，无木质化白梗。湖南黑茶要通风、避光存放。此外，因其茶叶具有极强的吸异性，故不能与有异味的物品混放在一起。

品种辨识

花砖
　　香气纯正，滋味浓厚微涩，汤色红黄，叶底老嫩匀称。

黑砖
　　香气纯正，滋味浓厚带涩，汤色红黄稍暗。

湘尖
　　色泽乌润，内质清香，滋味浓厚，汤色橙黄，叶底黄褐。

茯砖
　　香气纯正，滋味醇厚，汤色红黄明亮，叶底黑褐尚匀。

🍵 茶之传说

三国时，军师诸葛亮带着士兵来到西双版纳，很多士兵因为水土不服，眼睛失明了。诸葛亮知道后，就将自己的手杖插在了山上，结果那根手杖立刻长出枝叶，变成了茶树。诸葛亮用茶树上的茶叶泡成茶汤让士兵喝，士兵很快就恢复了视力。此后，这里的人们便学会了制茶。现在，当地还有一种叫"孔明树"的茶树，孔明也被当地人尊为"茶祖"。

❤ 茶疗养生

薄荷润肺茶

【材料】太子参 15g，薄荷 9g，湖南黑茶、红糖各适量。

【做法】将太子参与薄荷洗净，焙干，研为粉末，用蒸锅蒸熟；取适量粉末，加湖南黑茶和红糖后以沸水冲泡。

【茶疗功效】清热解毒，滋阴润肺。

🍵 妙用保健

抗菌：湖南黑茶中的儿茶素，对多种杆菌、金黄色葡萄球菌等有一定的抑制作用。

降压：湖南黑茶中特有的氨基酸能通过活化多巴胺神经元，起到抑制血压升高的作用。

解毒：湖南黑茶中的茶多酚对重金属毒物有较强的吸附作用，适量饮黑茶可加快体内重金属物质的排出，避免重金属对人体的损害。

品饮赏鉴

❶ 准备

紫砂壶 1 个，茶刀 1 把，茶杯 1 个，湖南黑茶 5g，茶匙 1 把，茶巾 1 条等。

❷ 投茶

将 5g 湖南黑茶放入紫砂壶中。

❸ 冲泡

将沸水注入紫砂壶中，加盖浸泡 1 ~ 2 分钟。

❹ 分茶

把公道杯中匀好的茶汤依次倒入品茗杯，七分满即可。

❺ 赏茶

茶芽慢慢舒展，松烟香随之飘散，汤色橙黄明亮，滋味醇厚。

❻ 品茶

待茶汤冷热适中时，小口啜饮，滋味醇厚，回味绵长。

茶点茶膳

孔府茶烧肉

材料

湖南黑茶 6g，五花肉 350g，葱花 15g，蒜 10g，盐 2.5g，料酒 20ml，花生油、花椒油各少许。

制作

❶ 五花肉洗净，切块；将湖南黑茶放入茶杯内，冲入沸水泡好，取汤备用；将蒜洗净，备用。

❷ 锅内放入花生油，烧热，放入五花肉块，翻炒片刻后加入蒜、盐、料酒翻炒至半熟，加入茶汤，改用小火烧熟，随即淋以花椒油，撒上葱花即成。

口味

香浓味鲜，茶香宜人。

六堡茶

降低血压 减脂抗老

六堡茶原指产于广西苍梧县六堡乡的黑茶，后发展到广西20余县，其制茶史可追溯到1 500多年前，清嘉庆年间就已被列为全国名茶。茶树多被种植在山腰或峡谷，林区溪流纵横，山清水秀，日照短，终年云雾缭绕，为茶树生长提供了优越的自然条件。人们为了便于存放六堡茶，通常将其压制加工成圆柱状、块状、砖状、散状等。六堡茶分为特级、一至六级，内销两广、港澳地区，外销东南亚。

性状
叶底红褐色。

汤色
橙黄明亮。

品鉴指数 ★ ★ ★ ★

口味
滋味浓醇甘和，有槟榔香气。

适宜人群
一般人群都可饮用，特殊禁忌者除外。

主要功效
降血压，助消化，抗衰老。

性状特点
条索紧结，色泽黑褐，有光泽。

挑选储藏

优质六堡茶有不同程度的苦涩，但在口里会很快转化为甘甜，让人产生"峰回路转"的愉悦感。如果苦味持续，让人品饮时不快，觉得难受，不管商家怎么巧舌如簧地推销，也不要购买。储藏六堡茶时，要剥开其外包装棉纸、宣纸或牛皮纸，然后存入瓷瓮或陶瓷内，瓮不必密盖，可略留透气口。此外，要远离有异味处。

制茶工序

六堡茶的制作可以分为筛选、拼配、渥堆、汽蒸、压制成型、陈化等6道工序。筛选要求将毛茶筛分、风选、拣梗；拼配要求按品质和等级进行分级拼配；渥堆要求根据茶叶等级和气候条件，进行渥堆发酵，适时翻堆散热，使叶色变褐并发出醇香；汽蒸要经蒸汽蒸软，形成散茶；压制成型即趁热将散茶压成砖、饼等形状；陈化要求清洁、阴凉、干爽。

📋 评茶论道

中国茶德，由原浙江农业大学茶学系教授庄晚芳先生提倡。含义是：廉俭育德，美真康乐，和诚处世，敬爱为人。

清茶一杯，推行清廉，勤俭育德，以茶敬客，以茶代酒，大力弘扬国饮。

清茶一杯，茗品为主，共品美味，共尝清香，共叙友情，康乐长寿。

清茶一杯，德重茶礼，和诚相处，以茶联谊，美好人际关系。

清茶一杯，敬人爱民，助人为乐，器净水甘，妥用茶艺，茶人修养之道。

❤ 茶疗养生

六堡橘茶

【材料】六堡茶 2g，干橘皮 2g。

【做法】用沸水冲泡，温饮即可。

【茶疗功效】有清热消炎、化痰止咳之效。

☕ 妙用保健

抗衰老：六堡茶中含有多种类黄酮，可清除自由基，具有抗氧化、延缓细胞衰老的作用。

助消化：六堡茶中的咖啡因具有刺激性，能提高胃液的分泌量，增进食欲，帮助消化。

降血压：六堡茶中的儿茶素能软化血管，通过舒张血管使血压下降。

1 准备

厚壁紫陶壶 1 个，特质茶刀 1 把，六堡茶 8g 等。

2 投茶

用特质茶刀取六堡茶，将其放入紫砂壶中。

3 冲泡

向紫茶壶中注入 150 ~ 200ml 沸水，加盖闷 5 秒。

4 分茶

将泡好的六堡茶依次倒入茶杯，七分满即可。

5 赏茶

舒展的茶叶浸在橙黄明亮的汤色中，茶香阵阵袭来。

6 品茶

分汤洗盏，第一泡不饮。从第二泡开始品茗，滋味醇和爽口；可反复冲泡饮用，至茶味淡极为止。

茶点茶膳

土豆西红柿炖鸡块

材料

鸡肉 300g，土豆、西红柿各 1 个，姜 3 片，盐 5g，六堡茶 10g，老抽、料酒、食用油各适量。

制作

❶ 将鸡肉洗净，切块，用适量盐、老抽和料酒腌渍备用；将土豆、西红柿洗净，去皮后切块；将六堡茶叶放入茶杯内，冲入开水泡闷好，取茶汤备用。

❷ 锅内放食用油加热，放入鸡块和姜片煸炒，再加入土豆、料酒和老抽翻炒，加水和茶汤，用大火烧开转中小火焖炖。

❸ 待鸡块、土豆煮至七八成熟时，放入西红柿，以小火焖炖。

❹ 放入盐翻炒均匀，转大火，汤汁收浓后即可起锅。

口味

茶香浓郁，味道鲜美。

湖北黑茶

保护牙齿 杀菌抗癌

湖北黑茶是湖北各种黑茶的总称。据唐朝杨晔所著《膳夫经手录》记载，唐朝时，安华所产渠江薄片，已远销湖北江陵、襄阳一带。五代毛文锡的《茶谱》记有："渠江薄片，一斤八十枚。"又说"谭邵之间有渠江，中有茶而多毒蛇猛兽……其色如铁，而芳香异常"。这说明在唐代时，湖北安化已生产"渠江薄片"，在当地有些名气，而这种茶色泽为黑褐色，即典型的优质黑茶色泽，说明当时就有黑茶生产。

性状
叶底黄褐。

汤色
色泽橙黄。

品鉴指数 ★ ★ ★ ★

口味
滋味较浓醇。

适宜人群
一般人群都可饮用，特殊禁忌者除外。

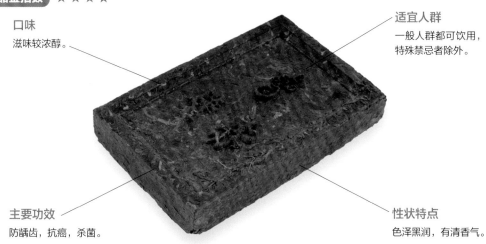

主要功效
防龋齿，抗癌，杀菌。

性状特点
色泽黑润，有清香气。

挑选储藏

优质湖北黑茶有光泽，有明显的松烟香。劣质品从切面看，其中心部位发乌，无光泽，晦暗。存储湖北黑茶时，要保持干燥，避免强光照射，严禁与有强烈异味，如油漆类、酒类等含化学挥发气味类物品存放一室。

制茶工序

湖北黑茶采用较粗老的原料，经杀青、揉捻、渥堆、干燥等4道工序制作而成。渥堆是决定其品质的关键工序，渥堆时间的长短、程度的轻重，会给成品茶的品质风格带来明显差别。湖北黑茶是在杀青后经二揉二炒后进行渥堆，渥堆时将复揉叶堆成小堆，堆紧压实，使其在高温条件下发生生化变化。当堆温达到60℃左右时，进行翻堆，里外翻拌均匀，再继续渥堆。当茶堆出现水珠、青草气消失、叶色呈绿或紫铜色且均匀一致时，即为适度。

🍵 评茶论道

古代朝鲜的茶礼源于中国，但融合了禅宗、儒家、道教文化和本地传统礼仪。1 000多年前的新罗时期，当地朝廷的宗庙祭礼和佛教仪式中就运用了茶礼。高丽时期，当地朝廷举办的茶礼有9种之多。在初一、十五等节日和祖先诞辰时，会在白天举行简单祭礼，有昼茶小盘果、夜茶小盘果等摆茶活动。茶礼的整个过程，从环境、茶室陈设、书画、茶具造型与排列，到投茶、注茶、茶点、吃茶等，均有严格规范。

❤ 茶疗养生

荞麦茶

【材料】荞麦面100g，湖北黑茶5g，蜂蜜10g。

【做法】先将湖北黑茶捣成细末，然后将茶叶末与荞麦面、蜂蜜搅拌，冲入沸水即可饮用。

【茶疗功效】有降低血脂、润肠通便之效。

☕ 妙用保健

防龋齿： 湖北黑茶中的矿物元素氟可保护牙齿，预防龋齿。

抗癌： 湖北黑茶中的矿物元素能刺激免疫蛋白及抗体的产生，增强人体对疾病的抵抗力，对抑制癌细胞的增殖有一定的辅助作用。

杀菌： 湖北黑茶中的类黄酮是很好的自由基清除剂和抗氧化剂，可抑菌、抗病毒。

1 准备

茶刀1把，湖北黑茶适量，紫砂壶1个，茶匙1把等。

2 投茶

用茶刀取湖北黑茶4～5g，用茶匙将其放入紫砂壶中。

3 冲泡

向紫砂壶中注入150～200ml的沸水，加盖充分浸泡干茶。

4 分茶

将泡好的湖北黑茶依次倒入茶杯，七分满即可。

5 赏茶

浸泡的茶叶逐渐舒展，茶汤红亮似琥珀，清香阵阵，芬芳宜人。

6 品茶

分三次品饮：先细啜一口品茶的纯正，后品茶的浓淡、醇和，再体会茶之韵味。

小葱爆猪肝

材料

猪肝350g，辣椒1个，湖北黑茶粉末3g，花生油、料酒、味精、淀粉、葱、盐、姜、胡椒粉、香油各适量。

制作

❶ 猪肝洗净，切片，放入碗内，加料酒、盐、味精、淀粉拌匀。

❷ 葱洗净，切段，姜洗净，切丝，辣椒洗净，切片，备用。

❸ 锅加热，放花生油烧至三四成热，倒入猪肝，翻炒至七成熟，放入葱段、姜丝、辣椒片，调入盐、料酒、茶末、胡椒粉，炒至熟，淋香油出锅。

口味

鲜嫩爽口，香味诱人。

老青茶

排毒通便 降脂瘦身

老青茶产于湖北咸宁地区的蒲圻（现赤壁市）、咸宁、通山、崇阳、通城等县，别称"青砖茶"。据《湖北通志》记载："同治十年，重订崇、嘉、蒲、宁、城、山六县各局卡抽派茶厘章程中，列有黑茶及老茶二项。"这里的"老茶"即老青茶。其质量高低取决于鲜叶的质量和制茶技术。老青茶分三个等级，其中，一级茶（洒面茶）条索较紧，稍带白梗，色泽乌绿；二级茶叶子成条，红梗为主，叶色乌绿微黄；三级茶叶面卷皱，红梗，叶色乌绿带花，茶梗以当年新梢为度。

性状
叶底暗黑显粗老。

汤色
红黄明亮。

品鉴指数 ★★★★

口味
滋味尚浓无青气。

适宜人群
一般人群都可饮用，特殊禁忌者除外。

主要功效
抗血栓，通便，瘦身。

性状特点
色泽红褐，香气纯正。

挑选储藏

优质老青茶的干茶为红褐色；冲泡后汤色红黄明亮，叶底暗黑粗老，滋味浓厚无青气。老青茶要储藏于阴凉处，避免强光照射，切记不要和有异味及易挥发性的物品混放在一起。

制茶工序

老青茶鲜叶采摘后先加工成毛茶。一、二级茶分杀青、初揉、初晒、复炒、复揉、渥堆、晒干等7道工序制成毛茶。三级茶分杀青、揉捻、渥堆、晒干等4道工序制成毛茶。毛茶再经筛分、压制、干燥、包装后，制成青砖成品茶。

📋 评茶论道

茶艺表演是指在一个特定的环境中，茶艺师穿着表演所需服饰，配合音乐，演示各种茶叶冲泡技艺的过程。这样的表演将茶的冲泡科学化、生活化、艺术化地展示在人们面前。20世纪70年代，台湾地区茶业从业者提出"茶艺"概念后，茶艺表演随之兴起，并在各具地域特色的茶艺馆和大大小小的茶区被传播开来。

💗 茶疗养生

万年青根茶

【材料】老青茶6g，万年青根30g。

【做法】将万年青根泡入沸水中，然后加入老青茶，待茶水温热适中时，即可饮用。

【茶疗功效】有强心利尿之效。

🍵 妙用保健

抗血栓：老青茶中的茶多酚能明显抑制血小板的黏附作用，并降低血液黏度，提高纤维蛋白的活力，可以起到抗血凝、抗血栓的作用。

通便降脂：老青茶中的茶多酚具有促进胃肠蠕动、促进胃液分泌、增加食欲的功效；茶叶经冲泡后，茶多酚被人体吸收，能达到通便的目的。同时，茶多酚还可抑制胆固醇的升高，有降脂瘦身的功效。

品饮赏鉴

❶ 准备

紫砂壶1个，茶匙1把，老青茶4～5g等。

❷ 投茶

用茶匙将老青茶放入紫砂壶。

❸ 冲泡

向紫砂壶中注入沸水，加盖充分浸泡老青茶。

❹ 分茶

将泡好的老青茶分别倒入茶杯，以七分满为宜。

❺ 赏茶

茶汤红亮似琥珀，宛如陈年红葡萄酒。

❻ 品茶

分三次品饮：先细啜品茶的纯正，后大口品茶的浓淡、醇和，再体会茶之韵味。

茶点茶膳

酱香大肠

材料

猪大肠500g，超市购红烧酱料1包，八角2粒，老汤500ml，茴香、葱、姜、酱油、盐、红糖、味精、老青茶末各适量。

制作

❶ 将猪大肠洗净，切段，放入沸水中烫一下，捞出备用。

❷ 在烧热的锅里放入红糖，加少许水，用小火熬煮至暗红色，再加适量水煮沸，待凉制成糖色。

❸ 坐锅点火，将酱料包放入老汤中烧开；加入糖色、酱油、盐、味精、茶末，调成酱汤备用。

❹ 将猪大肠放入酱汤中，再加入八角、茴香、葱、姜，小火煮约50分钟至入味；捞出装盘，可依个人口味加入香菜点缀。

口味

口感滑软，香气悠长。

四川边茶

抗癌减脂 利尿解毒

　　四川边茶是产于四川的黑茶的统称。其生长在海拔 580~1 800m 的丘陵和山区地带，土壤为黄壤、红紫土及山地棕壤，呈酸性或微酸性，自然生态循环形成的有机质和矿物质丰富。四川边茶分为"西路边茶"和"南路边茶"两类。西路边茶是压制茯砖和方包茶的原料。南路边茶是压制砖茶和金尖茶的原料。南路边茶原料粗老并包含一部分茶梗，经熬耐泡，是藏族同胞喜爱的一种紧压茶。西路边茶原料比南路边茶更为粗老，以采割 1~2 年的生枝条为原料。

性状
叶底棕褐粗老。

汤色
色泽暗红明亮。

品鉴指数 ★★★★

口味
味道平和。

适宜人群
一般人群都可饮用，特殊禁忌者除外。

主要功效
抗癌，减脂，利尿解毒。

性状特点
叶张卷折成条，色泽棕褐。

挑选储藏

　　优质四川边茶色泽黑而有光泽，香气纯正，陈茶有特殊的花香或"熟绿豆香"。如果有馊酸气，霉味或其他异味，滋味苦涩，汤色发黑或浑浊，则为劣质茶。存储四川边茶时，要避免强光照射，切忌使用塑料袋密封，可用牛皮纸等通透性较好的材料包裹好，不要和有异味的物品混放在一起。

制茶工序

　　四川边茶产区大都实行粗细兼采制度，一般在春茶时节采摘一次细茶之后，再采割边茶。采摘后的四川边茶茶叶经杀青、晒干即可。南路边茶制作工序较烦琐。其做砖茶的传统做法，最多的要经过一炒、三蒸、三踩、四堆、四晒、二拣、一筛等共 18 道工序，最少的也要经过 14 道工序。

🍵 评茶论道

"道"是中国哲学的最高境界，一般指宇宙法则、终极真理、事物变化的总体规律、万物的本质或本源等。茶道指以茶艺为载体，以修行得道为宗旨的饮茶艺术，包含茶礼、礼法、环境、修行等要素。据考证，茶道始于唐代。《封氏闻见记》中提道："又因鸿渐之论，广润色之，于是茶道大行。"唐代刘贞亮在饮茶十德中也提出："以茶可行道，以茶可雅志。"

❤ 茶疗养生

黑芝麻茶

【材料】生黑芝麻6g，四川边茶3g。

【做法】将生黑芝麻炒至黄色，与四川边茶一起用沸水冲泡即可饮用。

【茶疗功效】有助于滋肝补肾、养血润肺。

🍵 妙用保健

利尿解毒：四川边茶中的生物碱可促进尿液中水的滤出率，进而达到利尿效果。此外，四川边茶中的咖啡因有助于醒酒、解除酒毒。

抗癌：四川边茶中的类黄酮是一种有效的自由基清除剂和抗氧化剂，具有抗癌的功能。

减脂：四川边茶中的黄烷醇类、叶酸和芳香类物质等多种化合物，能调节脂肪代谢，促使脂肪氧化，除去人体内的多余脂肪，进而实现减脂的目的。

品饮赏鉴

1 准备

紫砂壶1个，特质茶刀1把，四川边茶适量，公道杯1个等。

2 投茶

用特质茶刀取5g左右的四川边茶，将其放入紫砂壶中。

3 冲泡

将150～200ml的沸水注入紫砂壶中，加盖5秒钟。

4 分茶

把公道杯中匀好的茶汤依次倒入杯中，七分满即可。

5 赏茶

茶叶舒展，茶汤逐渐变得暗红，如陈年红酒，茶香阵阵袭来。

6 品茶

分汤洗盏，一泡不饮；从二泡起品饮，滋味平和甘甜；可反复冲饮，至茶味淡极为止。

黑茶

茶点茶膳

五香猪蹄

材料

猪蹄2只，料酒、盐、姜片、四川边茶、桂皮、八角、五香粉、老抽、冰糖、食用油各适量。

制作

❶ 将猪蹄洗净，以沸水烫后刮去浮皮，清洗干净，用料酒、老抽腌渍半小时。

❷ 油锅烧热，爆香姜片；将猪蹄放入，煎炸至皮呈金黄色；加水、桂皮、八角、五香粉、盐、冰糖和四川边茶；以旺火煮沸，撇去浮沫，改用小火焖煮约2小时即可盛盘，可以用欧芹装饰。

口味

酱香黏软，味道鲜美。

茶的冲泡与品饮（一）

饮用宜忌

想减脂的人可以适量饮用绿茶。绿茶不宜与枸杞子同时饮用，病人吃药的同时也忌喝绿茶。

绿茶的冲泡与品饮

准备

透明玻璃杯或瓷杯，绿茶，茶匙等。

投茶

一般龙井、碧螺春适合上投法；黄山毛峰、庐山云雾适合中投法；六安瓜片、太平猴魁适合下投法。

泡茶

一般用 80 ~ 90℃的水冲泡茶叶。

品茶

细酌慢饮，让茶汤在口中和舌头充分接触；鼻舌并用，品茶香。

小贴士

茶汤颜色逐渐变化，茶烟飘散，茶芽在杯中渐渐舒展、上下起伏，人们称之为"茶舞"。

红茶的冲泡与品饮

准备

透明茶壶，瓷杯或透明玻璃杯，红茶，茶匙等。

投茶

两种方法：如果用杯子，放入3g左右红茶；如果用茶壶，按照1：50的茶水比例冲泡。

泡茶

以沸水冲泡至八分满，静置3分钟即可。

品茶

慢慢品饮，用心品味；一般冲泡2 ~ 3次后需重新投茶叶；如果是红碎茶，则只适合冲泡一次。

小贴士

可依个人口味调入糖、牛奶、柠檬片、蜂蜜等。

饮用宜忌

冬季喝热的红茶可以"暖胃"；也因红茶"性热"，上火的人不宜喝红茶。此外，红茶中的鞣酸会妨碍人体对食物中铁的吸收，孕妇应少喝红茶。

不同种类的茶在冲泡方法上有一定的差异，但大致可分为准备、投茶、泡茶和品茶四个步骤。下面是绿茶、红茶、白茶和黄茶的冲泡方法。

白茶的冲泡与品饮

准备

直筒形的透明玻璃杯，白茶，茶匙等。

投茶

先用温水将茶杯预热，再按照 1∶30 的茶水比例，用茶匙将白茶投入直筒形透明玻璃杯即可。

泡茶

一般用高冲法注入 70℃左右的热水。

品茶

白茶茶汤难浸出，待茶冲泡大约 3 分钟后再饮用；要慢慢、细细地品味才能体味其中的茶香。

小贴士

直筒形的透明玻璃杯可以使人清晰地看到冲泡时白茶的性状。

饮用宜忌

因白茶能清热润肺、平肝益血，所以很适合烟酒过度、肝火过旺的人饮用。白茶虽好，但一般每人每天 5g 就足够了，老年人更不宜饮用太多。

黄茶的冲泡与品饮

准备

瓷杯或玻璃杯，黄茶，茶匙等。

投茶

将 3g 左右黄茶投入杯中。

泡茶

先快后慢地注入 70℃左右的水，约至杯身 1/2 处；待茶叶浸透，再注入八分水，浸泡约 5 分钟即可。

品茶

黄茶"黄叶黄汤"，要慢慢品饮，以体味茶香。

小贴士

茶杯清洗干净后，要将杯中的水珠擦干，避免茶叶因吸水而降低竖立率；泡茶时，茶叶在经过数次浮动后，最后个个竖立，称为"三起三落"，这是黄茶独有的特色。

饮用宜忌

黄茶含有大量的消化酶，对脾胃有益，消化不良、食欲不振者可适当饮用黄茶。胃溃疡患者在夏天慎饮黄茶。

第四章

中国特产黄叶茶：黄茶

　　炒青绿茶因杀青、揉捻后干燥不足或不及时，叶色变黄，而形成黄茶。黄茶茶汤呈黄色，有"黄叶黄汤"的特点。黄茶多产自我国的湖南、四川、安徽等地，湖南岳阳是我国的黄茶之乡。主要品种有君山银针、霍山黄芽、蒙顶黄芽等。黄茶富含茶多酚、氨基酸、维生素等营养物质，对防治食道癌有一定的辅助作用。黄茶鲜叶中的天然物质被保留了85%以上，为其他茶叶所不及，这形成了黄茶独有的特性。黄茶到底是如何制成的？本章给了我们答案。

君山银针

防癌杀菌 健胃消炎

　　君山银针产于湖南岳阳洞庭湖中的君山，是黄茶中的精品，中国十大名茶之一；因形细如针，生长在君山上，故名"君山银针"。君山又名洞庭山，是洞庭湖中的一个岛屿。岛上土壤肥沃，多为沙质土壤，年平均温度 16 ～ 17℃，年降雨量为 1 300mm 左右，相对湿度较大，气候非常湿润。春夏季湖水蒸发，云雾弥漫，岛上树木丛生，山地遍布茶园。君山茶历史悠久，唐代已有生产，久负盛名，相传文成公主出嫁时就选带了君山银针茶入西藏。

性状
芽头茁壮，叶底明亮。

汤色
色泽橙黄

品鉴指数 ★★★★★

口味
滋味甘醇。

适宜人群
一般人群都可以饮用，特殊禁忌者除外。

主要功效
防癌，杀菌，消炎。

性状特点
大小长短均匀，形如银针，内呈金黄色。

挑选储藏

　　优质君山银针以壮实挺直亮黄为上。茶芽头肥壮，紧实挺直，芽身金黄，满披银毫；汤色橙黄明净，香气清纯，叶底嫩黄匀亮。储存君山银针时，可将石膏烧热捣碎，铺于箱底，上垫两层牛皮纸，将茶叶用牛皮纸分装成小包，放在牛皮纸上面，封好箱盖。切记要适时更换石膏，以保证茶叶品质。

制茶工序

　　君山银针的制作工序为杀青、摊晾、初烘、初包、复烘、焙干。杀青要令芽蒂萎软、青气消失，发出茶香；摊晾是令茶芽散发热气，清除细末杂片；初烘温度在 50 ～ 60℃，时间为 20~30 分钟，烘至五成干；初包用牛皮纸包好，置于箱内 40~48 小时，促成君山银针特有的色、香、味；复烘是蒸发水分，固定已形成的有效物质；焙干温度为 50 ～ 55℃，烘量每次约 500g，焙至茶叶足干为止。

🍵 茶之传说

相传后唐明宗李嗣源第一次上朝时，侍臣为他沏茶，见一团白雾从水杯中腾空而起，慢慢变成一只白鹤。白鹤向明宗点了三下头，便飞向蓝天。明宗再往杯里看，杯中茶叶都整齐地竖立着，就像破土的春笋；后又慢慢下沉，像雪花坠落。明宗惊奇地问侍臣原因。侍臣说："这是君山的白鹤泉（柳毅井）水泡黄翎毛（银针茶）的缘故。"明宗听了惊喜万分，遂把君山银针定为贡茶。

💗 茶疗养生

丹参黄精茶

【材料】君山银针茶5g，丹参10g，黄精10g。

【做法】将3种材料共研粗末，用沸水冲泡，加盖闷10分钟即可饮用。

【茶疗功效】活血补血，对贫血症状及白细胞减少有一定的改善作用。

🍵 妙用保健

防癌：君山银针富含茶多酚、氨基酸、可溶糖、维生素等营养物质，对防治食道癌有一定的辅助作用。

杀菌：君山银针中的醇类、醛类、酯类、酚类等有机化合物，对人体的多种病菌有抑制和杀灭功效。

消炎：君山银针中还有少量的皂苷化合物，具有抗炎的功效，能健胃、养胃。

① 准备

透明玻璃杯1个，茶匙1把，君山银针茶3g，茶巾1条等。

② 投茶

用茶匙将君山银针放入沸水预热过的透明玻璃茶杯。

③ 冲泡

备沸水，以高冲法先快后慢两次冲泡。第一次至杯身七分满处，观察杯中茶叶变化，再注水至接近杯口。

④ 分茶

浸泡约10分钟，将泡好的茶依次分给客人。

⑤ 赏茶

茶叶在杯中根根竖立，继而上下移动，然后徐徐下沉，簇立杯底，如雨后春笋。

⑥ 品茶

茶香清雅，使人感觉清爽；慢慢细品，茶汤滋味鲜爽，回味甘甜。

低糖老婆饼

材料

面粉、熟面（烤熟的中筋面粉）各250g，果脯、花生、芝麻各100g，枸杞子80g，肥肉粒40g，君山银针茶末、猪油、鸡蛋液、白糖各适量。

制作

❶ 把熟面、白糖、肥肉粒、花生、茶末、枸杞子、果脯、适量猪油一起拌成馅。

❷ 用猪油把适量面粉擦成干油酥；再取猪油加少许水，将剩余的面粉揉成油面团。

❸ 把干油酥包入油面团中，擀成薄片；卷起，揪成面剂后包入馅，收口，按扁，擀成圆饼，刷上鸡蛋液，撒上芝麻，插几个小孔。

❹ 将饼坯摆入烤盘，入170℃预热好的烤箱中烤30分钟。

口味

色泽金黄，松酥香甜。

霍山黄芽

护齿健齿 清热解暑

霍山黄芽产于安徽霍山一带。这里山高云雾大，雨水充沛，空气相对湿度大，漫射光多，昼夜温差大，土壤疏松，土质肥沃，林茶并茂，生态条件良好，极适宜茶树生长。霍山自古多产黄芽，在唐时为饼茶；明清之时，均被列为贡品；近代，由于战乱影响，霍山黄芽一度失传，直至1971年，当地才重新开始研制和生产。

性状
芽叶细嫩多毫。

汤色
黄绿清澈明亮。

品鉴指数 ★★★★

口味
滋味鲜醇，浓厚回甘。

适宜人群
一般人群都可饮用，特殊禁忌者除外。

主要功效
护齿，清热解暑，防口臭。

性状特点
外形条直微展，匀齐成朵，形似雀舌。

挑选储藏

优质霍山黄芽色泽自然，外形似雀舌，芽叶嫩细多毫，叶色嫩黄，汤色黄绿清明，香气鲜爽，滋味醇厚回甜，叶底黄亮，嫩匀厚实。霍山黄芽要密封、干燥储存于阴凉处，避免挤压，忌和有异味的物品存放在一起。

制茶工序

一般在谷雨前后二三日采摘，标准为一芽一叶至一芽二叶初展鲜叶。经杀青、初烘、摊晾、复烘、足烘制作而成。杀青分生锅和熟锅。生锅快炒透炒，熟锅与生锅配合，杀青适度，起锅摊晾。初烘火温100℃左右，勤翻匀摊，至五六成干；继续烘焙至七成干，摊晾1~2天，使其回潮变黄，剔除杂质。复烘火温约90℃，烘至八九成干；再回潮1~2天，待其进一步变黄。足烘温度100~120℃，翻烘要勤、轻、匀，趁热装筒封盖。

🍵 评茶论道

唐代时，赵州观音寺有位高僧叫从谂禅师，人称"赵州古佛"。他爱饮茶，还积极倡导饮茶之风。他每次说话前，都要说一句："吃茶去。"据《广群芳谱·茶谱》引《指月录》中记载："有僧至赵州，从谂禅师问：'新近曾到此间吗？'答：'曾到。'师曰：'吃茶去。'又问僧，僧曰：'不曾到。'师曰：'吃茶去。'后院主问曰：'为什么曾到也云吃茶去，不曾到也云吃茶去？'师召院主，主应诺，师曰：'吃茶去。'"从此，"吃茶去"成为禅语。

❤ 茶疗养生

桂圆红枣茶

【材料】白兰地 9ml，红枣 4 颗，桂圆 100g，霍山黄芽 2g。

【做法】先以沸水泡霍山黄芽；煮红枣和桂圆，取汁，加入白兰地，倒入泡好的茶汤中即可。

【茶疗功效】有助于补气健脾、凝神提气。

☕ 妙用保健

护齿： 霍山黄芽含氟，常饮霍山黄芽有护牙坚齿之效。

清热解暑： 霍山黄芽中的多酚类化合物、游离糖、氨基酸、维生素C和皂苷化合物可刺激口腔分泌唾液，使人产生清凉感；这些物质也有利尿作用，带来清热解暑的功效。

去口臭： 霍山黄芽中含有芳香物质，可消除胃中积垢，减轻口干、口臭等症状。

品饮赏鉴

① 准备

透明玻璃杯或瓷杯 1 个，茶匙 1 把，霍山黄芽 3g 左右等。

② 投茶

用茶匙将霍山黄芽轻轻放入透明玻璃杯中。

③ 冲泡

先快后慢地注入 70℃的热水，约至杯身一半处，待茶叶完全浸透，再注水至八分满。

④ 分茶

将泡好的霍山黄芽茶分倒入茶杯，以七分满为宜。

⑤ 赏茶

茶芽的尖端产生气泡，随之微微张开，像是雀鸟的喙，形似"雀嘴含珠"。

⑥ 品茶

细啜慢品，茶汤滋味鲜爽，回味甘甜。

黄茶

茶点茶膳

青椒炒猪肝

材料

猪肝 200g，青椒、红椒各 1 个，霍山黄芽茶末、盐、食用油、生抽、料酒、花椒水各适量。

制作

❶ 将猪肝切薄片，放花椒水中煮2分钟洗净，捞起沥干。

❷ 将青椒洗净，去籽，切成大块，将红椒洗净，切斜片。

❸ 炒锅入油，将青椒、红椒、猪肝放入锅中炒3分钟左右。

❹ 加入盐、茶末、料酒、生抽拌匀即可。

口味

香辣可口，味道鲜美。

蒙顶黄芽

清热宁神 消炎利尿

蒙顶黄芽产于四川蒙山山区，栽培始于西汉，自唐开始，直到明、清，千年之间一直为贡品，为我国历史上有名的贡茶之一。20世纪50年代，蒙顶茶以黄芽为主；近来多产甘露，但黄芽仍有生产，为黄茶中的珍品。其生长地终年烟雨蒙蒙，云雾茫茫，土壤肥沃，为茶树提供了良好的生长环境。蒙顶黄芽采摘于春分时节，待茶树上有部分茶芽萌发时，即可开园采摘。采摘标准为圆肥单芽和一芽一叶初展的芽头。

性状
叶嫩芽壮，芽条匀整。

汤色
色泽黄中透碧。

品鉴指数 ★ ★ ★ ★ ★

口味
甜香鲜嫩，
甘醇鲜爽。

适宜人群
一般人群都可饮用，
特殊禁忌者除外。

主要功效
利尿，清热宁神，消炎。

性状特点
外形扁直，色泽嫩
黄，芽毫显露。

挑选储藏

优质蒙顶黄芽芽条匀整，色泽嫩黄，冲泡后汤色黄亮透碧，甜香浓郁，入口鲜醇回甘。蒙顶黄芽储藏时必须远离有刺激性味道的物品，避免强光照射，同时要密封干燥。

制茶工序

蒙顶黄芽制作分为杀青、初包、复炒、复包、三炒、堆积摊放、四炒、烘焙8道工序。杀青时叶色转暗，茶香显露，芽叶含水率减少到55%～60%时就可出锅。初包叶温在55℃左右，放60~80分钟，然后翻拌，叶色呈微黄绿时复炒。复炒要求理直、压扁芽叶。三炒至茶条基本定型、含水率为30%～35%时，可把三炒叶撒在细篾簸箕上摊放，盖上草纸保温24~36小时，即可四炒。四炒整理外形，散发水分和闷气，增进香味。烘焙要慢烘细焙，促进色、香、味的形成。

评茶论道

葡萄牙神父克鲁士 1556 年到中国传播天主教。4 年后他回国时,将中国的茶叶及饮茶知识传入欧洲,"凡上等人家,习以献茶敬客。此物味略苦,呈红色,可以煎成液汁,作为一种药草用于治病"。葡萄牙另一位神父谈到中国饮茶习俗时说:"主客见面,互通寒暄,即敬献一种沸水冲泡之草汁,名之为茶,颇为名贵,必须喝二三口。"

茶疗养生

薄荷珠兰茶

【材料】蒙顶黄芽茶 6g,珠兰 3g,薄荷 3g。

【做法】将蒙顶黄芽茶、珠兰、薄荷以沸水冲泡饮用即可。

【茶疗功效】对治疗暑湿、头胀烦闷有一定的功效。

妙用保健

利尿:蒙顶黄芽中的可可碱是一种重要的生物碱,具有利尿、兴奋心肌、舒张血管等功效。

清热宁神:蒙顶黄芽中的芳香类物质所挥发出的香气,不仅能使人心旷神怡,还能带走一部分热量,调节体温,有清热的功效。

消炎:蒙顶黄芽含有皂苷化合物,有良好的消炎、镇痛作用。

1 准备

蒙顶黄芽 2 ~ 3g,茶匙 1 把,透明玻璃杯或瓷杯 1 个等。

2 投茶

用茶匙将蒙顶黄芽放于玻璃杯中。

3 冲泡

向杯中注入 70℃ 的热水,约至杯身 1/2 处即可,待茶叶完全浸透,再注水至八分满。

4 分茶

将泡好的蒙顶黄芽倒入杯中至七分满。

5 赏茶

茶叶慢慢沉入杯底,叶芽匀整,汤色黄中透绿。

6 品茶

小口慢慢品茗,方知茶之韵味,渐入茶之境界。

茶香烤土鸡

材料

童子鸡 1 只,山药 3 片,白卤水(制作卤菜的白色调味汤汁)、蒙顶黄芽、鸡汤、葱、香菇、料酒、盐、味精各适量。

制作

❶ 将鸡的大腿骨剔去,鸡爪剁下,鸡身放入白卤水中浸泡4小时;取出鸡身,用清水冲洗干净并沥干水,再用泡软的蒙顶黄芽茶叶擦拭数次;将葱、香菇塞入鸡肚内。

❷ 将鸡爪洗净,放入砂锅内做垫底物,放入鸡身、山药片,加入鸡汤至九分满,投入适量盐、料酒,盖上砂锅盖密封后,置炉火上小火炖半小时;取出鸡后放入160℃左右的烤箱中烤约1.5小时。

❸ 取出饰以新鲜黄芽二三片即可。

口味

味感鲜香,茶香扑鼻。

霍山黄大茶

抵抗辐射 提神清心

霍山黄大茶是黄茶的一种,产于安徽霍山、金寨、大安、岳西等地,亦被称为"皖西黄大茶"。黄大茶的采摘标准是一芽四五叶,叶大梗长,黄色黄汤,因而得名。它经5道工序制作而成,制成的毛茶如果大小、粗细、老嫩不匀,可适当拣剔和筛分,但加工时,力求原身长条和芽叶的完整。近年来,为迎合外销市场的需要,该地区更多生产的是红茶、绿茶,黄茶的产量日渐减少,但仍保留一定数量的黄大茶的生产,以满足内销市场。

性状
叶底绿黄。

汤色
色泽黄亮。

品鉴指数 ★ ★ ★ ★

口味
滋味浓厚,高爽焦香。

适宜人群
一般人群都可饮用,特殊禁忌者除外。

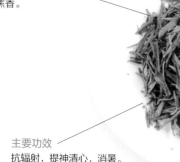

主要功效
抗辐射,提神清心,消暑。

性状特点
叶片成条,梗部弯曲带钩,色泽油润。

挑选储藏

挑选霍山黄大茶时可以观其外形,以梗壮叶肥、叶片成条、梗部似鱼钩、色泽油润、香气高爽焦香者为珍品。储藏时须密封、低温、干燥,避免挤压,忌和有刺激性气味的物品存放在一起。

制茶工序

霍山黄大茶经萎凋、杀青、揉捻、闷黄、干燥5道工序制作而成。萎凋要求鲜叶均匀摊放在萎凋竹帘上,厚度为15~20cm,嫩叶薄摊,老叶适当厚摊。杀青要求有黏性,手捏能成团,嫩茎折而不断,略有熟香时可起锅。揉捻一般用中、小型揉捻机,条索紧实,保持锋苗,显毫。闷黄时叶温在25℃以下,闷堆4~5小时。干燥分毛火和足火,毛火温度在110~120℃,时间为12~15分钟,烘至七八成干,摊晾1小时左右;足火温度90℃左右,烘到足干,即下烘稍摊晾,及时装袋。

💬 评茶论道

《调琴啜茗图》是唐代著名画家周昉的作品。画中描绘了唐代仕女弹琴饮茶的生活情景。三名贵妇坐在院中品茗、弹琴、听乐，两名侍女端茶倒水，表现出贵妇们慵懒闲适的生活场景。可见我国茶文化的源远流长。

💚 茶疗养生

生姜茶

【材料】生姜1块，霍山黄大茶2～3g。

【做法】先冲泡霍山黄大茶；将姜洗净，在冷开水中浸泡30分钟，取出切片，压榨取汁；滴适量姜汁于泡好的茶中。

【茶疗功效】有解毒散寒、止呕之效。

🍵 妙用保健

抗辐射：霍山黄大茶所含的脂多糖，可减轻电脑辐射对人体的伤害，对常坐在电脑前工作的人具有一定的保健功效。

消暑：霍山黄大茶所含的咖啡因可以通过利尿带走身体的热量，在炎热的夏季饮用，能够起到消暑的作用。

提神清心：霍山黄大茶中的儿茶素类及咖啡因可提神清心，开长途车或者需要长时间工作的人可以适量饮用霍山黄大茶，可保持头脑清醒。

❶ 准备

茶匙1个，霍山黄大茶3g左右，透明玻璃杯或瓷杯1个等。

❷ 投茶

投茶前先用热水温一下玻璃杯，然后用茶匙将霍山黄大茶放入透明玻璃杯中。

❸ 冲泡

向杯中注入70℃的热水，约至杯身1/2处，待茶叶完全浸透，再注水至八分满。

❹ 分茶

将泡好的霍山黄大茶倒入茶杯中，七分满即可。

❺ 赏茶

浸泡开的茶芽在橙黄明亮的茶汤中舞蹈着，缕缕茶香沁入心脾。

❻ 品茶

待茶汤冷热适中的时候，可细啜慢品，体会齿颊留香、甘泽润喉的感觉。

黄焖鸡块

材料

鸡肉500g，香菇5朵，霍山黄大茶茶末3g，料酒、盐、酱油、味精、葱段、姜片、白糖、湿菱粉、鸡汤、猪油各适量。

制作

❶ 香菇洗净，切块；鸡肉洗净，切块；将猪油倒入锅里煎半分钟，把鸡肉倒入锅里，加入香菇及葱段、姜片、茶末、料酒、酱油、盐、白糖、味精、鸡汤。

❷ 用小火焖10分钟，熟后用湿菱粉勾芡即可。

口味

酥软鲜嫩，回味绵长。

茶的冲泡与品饮（二）

袋茶的冲泡与品饮

准备

普通瓷杯或盖碗，袋茶。

投茶

取一袋茶，用手提着线，将茶袋顺着杯子一边缓缓滑入杯中。

泡茶

用沸水冲泡，盖上盖子闷约3分钟。

品茶

手提茶袋在茶汤中晃几下，使茶汤浓淡均匀；不要用茶匙舀出茶袋，以免影响茶的味道。

小贴士

袋茶的泡法简单易行，一般一包袋茶适合冲泡一次，第二次茶味就会变得很淡，茶香也没有了。

饮用宜忌

因袋茶内装成分的不同，其功能、效用也各不相同，饮用时须注意成分标示，选择适合自己的袋茶品种。

花茶的冲泡与品饮

准备

带盖的瓷杯、盖碗或透明的玻璃杯，花茶，茶匙等。

投茶

取3g左右的花茶投入杯中。

泡茶

高档花茶，最好用玻璃杯，以85℃左右的水冲泡；中低档花茶宜用瓷杯，以100℃的沸水冲泡。

品茶

泡3分钟即可。饮用前，将盖子揭开，先闻香；品饮时，茶汤在口中停留片刻，以充分品尝，感受茶香。

小贴士

花茶将茶香与花香巧妙地结合在一起，无论是视觉还是嗅觉，都给人以美的享受。

饮用宜忌

花茶宜于清饮，不加奶、糖等，以保持天然香味。此外，花茶宜现泡现饮，不能喝隔夜花茶。

不同种类的茶在冲泡方法上有一定的差异，但大致可分为准备、投茶、泡茶和品茶四个步骤。下面是袋茶、花茶、普洱茶和乌龙茶的冲泡方法。

普洱茶的冲泡与品饮

准备

腹大的陶壶或紫砂壶，公道杯，闻香杯，普洱茶，茶匙等。

投茶

用茶匙将约占壶身 1/5 的茶叶投入茶壶。

泡茶

先温茶，即将第一次冲下的沸水立即倒出，温茶可进行 1 ~ 2 次，速度要快，以免影响茶汤的滋味。后续泡的茶汤可饮用。

品茶

普洱茶是味道带动香气的茶，香气藏在味道里；二泡和三泡的茶汤可混着喝，综合茶性，以免过浓。

小贴士

泡普洱砖茶时，如将撬出的茶叶放置约 2 周后再冲泡，味道更醇美。

饮用宜忌

普洱茶宜温饮，不宜烫饮、冷饮。如饮用普洱茶后出现胀气，甚至便秘的现象，则属于不宜饮用普洱茶的体质，应少喝或不喝。

乌龙茶的冲泡与品饮

准备

茶壶，茶杯，闻香杯，茶匙，乌龙茶等。

投茶

将茶叶和水以 1 : 30 的比例投入茶壶。

泡茶

冲水时要用沸水高冲法，壶满即可；用壶盖将泡沫刮去，盖上盖子；用开水浇茶壶。

品茶

小口慢饮，体会茶之香、清、甘、活。"一杯苦，二杯甜，三杯味无穷"是乌龙茶独有的特色。

小贴士

泡茶前，用沸水冲刷壶盖，既可提高壶的温度，又可起到清洗茶壶的作用。

饮用宜忌

乌龙茶中的茶多酚可抗氧化，有美颜的功效。不宜空腹饮用乌龙茶，否则可能导致饥饿感加重，甚至出现头晕现象，俗称茶醉。

第五章

清凉降火芽洁白：白茶

　　白茶是我国茶类中的特殊珍品，因成品茶的外观呈白色而得名。一般经萎凋和干燥2道工序制成。茶汤呈黄绿色。白茶毫色银白，有"银装素裹"之美感，主产于我国福建和浙江等地，主要品种有白毫银针，其为白茶中的极品，素有"茶中美女""茶王"之称。白茶存放时间越长，药用价值越高，陈年白茶可用作患麻疹幼儿的退烧药。茶被奉为"万病之药"古已有之，而白茶的养生效果为何如此出众？答案将于本章揭晓。

白毫银针

白毫银针

清目降压 美容抗老

白毫银针产于福建福鼎、政和两市。白毫银针简称"银针"，又叫"白毫"，素有"茶中美女""茶王"之美称，是白茶中的极品。由于鲜叶原料全部是茶芽，被制成成品茶以后，形状似针，白毫密被，色白如银，因此被命名为"白毫银针"。清嘉庆初年，福鼎以菜茶的壮芽为原料，创制了白毫银针。后来，福鼎大白茶繁殖成功，改用其壮芽为原料。政和县1889年开始产制银针。福鼎所产的名叫"北路银针"，政和所产的名叫"南路银针"。

性状
芽头肥壮。

汤色
色泽浅杏黄。

品鉴指数 ★★★★★

口味
滋味清醇爽口，香气清芬。

适宜人群
一般人群都可饮用，特殊禁忌者除外。

主要功效
清目，抗衰老，降压。

性状特点
挺直如针，色白似银。

挑选储藏

优质白毫银针芽壮，肥硕显毫，色泽银灰，熠熠有光。如条件允许，可看其叶底是否仍保持弹性，边缘是否整齐，破碎是否较少，是否匀净。如不符合以上条件，则为劣质白毫银针。白毫银针储藏前先用生石灰吸湿，然后将茶叶放于封闭干燥的容器里，置于阴凉干燥处。

制茶工序

白毫银针的制作工序较为特殊，不炒不揉，只有萎凋和烘焙2道工序。具体制法是：将采回的茶芽薄薄地摊在竹制有孔的筛上，放在微弱光线下萎凋、摊晾至七八成干，再移到烈日下晒至足干。在萎凋、晾干过程中，要根据茶芽的失水程度进行调节，才能制出优质白毫银针。

茶之传说

很久以前，福建政和一带久旱不雨，引起大瘟疫，病死很多人。当地人听说洞宫山上一口老井旁长着几株仙草，草汁能治百病。于是年轻人都上山寻找这种仙草，但都有去无回。志刚、志诚和志玉兄妹决定轮流去找仙草。志刚爬到半山腰时忽听一声大吼："你敢往上闯？"他大惊，一回头，立刻变成了乱石岗上一块新石头。志诚的命运和大哥相同，也变成了一块巨石。志玉来到乱石岗，怪声四起，她用糍粑塞住耳朵，坚决不回头，终于爬上山顶，找到老井，采下仙草芽叶并找到了茶种。下山回家后，志玉将茶种种满家乡的山坡，救了当地的百姓。这仙草就是白毫银针。

茶疗养生

桃茎白皮茶

【材料】桃茎白皮 30g，白毫银针适量。
【做法】将桃茎白皮和白毫银针用水煎后饮用。
【茶疗功效】有排毒消肿之效。

妙用保健

清目：白毫银针含有丰富的胡萝卜素，被人体吸收后，能转化为维生素 A，可预防夜盲症与眼干燥症。

抗衰老：白毫银针富含活性酶，适量饮用可以延缓衰老，美容养颜。

降压：白毫银针中的咖啡碱、儿茶素能松弛血管，具有降低血压的作用。

品饮赏鉴

❶ 准备

玻璃杯 4 个，白毫银针 3g，茶壶、茶荷、茶盘各 1 个，茶巾 1 条等。

❷ 投茶

把茶荷中的茶叶拨入茶壶，茶叶如花飘然而下。

❸ 冲泡

先在茶壶中冲少量沸水，浸润茶叶，静置 10 秒；以高冲法冲入热水，水温以 70℃为宜。

❹ 分茶

将泡好的茶汤倒入玻璃杯中，以七分满为宜。

❺ 赏茶

5 分钟后，茶芽部分沉落杯底，部分悬浮；茶芽条条挺立，上下交错，犹如石钟乳。

❻ 品茶

汤色杏黄，滋味醇厚回甘，茶香清芬。

茶点茶膳

一口酥

材料

鸡蛋 2 个，黄油、猪油、白糖各 80g，白毫银针茶末 10g，低筋面粉 300g。

制作

❶ 将黄油、猪油混合后快速搅拌 2 分钟，打软。

❷ 加入白糖、茶末搅打均匀；一边搅拌一边逐个加入鸡蛋，打匀。

❸ 倒进低筋面粉拌匀，揉捏并分割成合适大小，再放进烤盘。

❹ 烤箱调至 200℃预热 10 分钟，放入烤盘烤 15 分钟即成。

口味

味道鲜美，酥软可口。

白牡丹

清心提神 防龋坚齿

白牡丹产于福建福鼎一带。茶身披白毛，芽叶成朵，冲泡后绿叶托着银芽，宛如朵朵白牡丹，故得美名。鲜叶主要采自政和大白茶和福鼎大白茶，有时用少量水仙茶拼合。制成的毛茶，分别为政和大白、福鼎大白和水仙白。采摘的鲜叶须白毫尽显，芽叶肥嫩，标准是春茶第一轮嫩梢的一芽二叶，芽与二叶的长度基本相等，且均满披白毛。春秋之际的茶芽瘦，不予采制。白牡丹有清心提神之功效，为夏日佳饮。

性状
芽叶连枝，叶底浅灰，
叶脉微红。

汤色
杏黄明亮。

品鉴指数 ★ ★ ★ ★

口味
滋味清醇微甘。

适宜人群
一般人群都可饮用，
特殊禁忌者除外。

主要功效
防龋坚齿，抗辐射，
清心提神。

性状特点
毫心肥壮，叶张肥嫩，
夹以银白毫心。

挑选储藏

优质白牡丹毫心肥壮，叶张肥嫩，呈波纹隆起，叶缘向叶背卷曲，芽叶连枝，叶面色泽呈深灰绿，叶背遍布白茸毛。此外，还可闻一下冷茶或用过的品茗杯的味道，如有类似氨气之类的异味，说明此茶化学残留较多，对人体健康会产生不良影响。白牡丹茶要密封、低温（0～5℃）、干燥储藏，避免强光照射，忌和有异味的物品存放在一起。

制茶工序

白牡丹的制作工序关键在于萎凋，要根据气候灵活掌握，在室内自然萎凋或复式萎凋，所选时机主要以春秋晴天或夏季不闷热的晴朗天气为宜。此外，还要拣除梗、片、蜡叶、红张、暗张后进行烘焙，要求以火香衬托茶香，保持香毫显现，汤味鲜爽。待茶叶水分含量为4%～5%时，就可以趁热装箱了。

🍵 茶之传说

传说西汉太守毛义，因看不惯其他官员搜刮民财、贪污受贿，便辞官回家，带着母亲隐居山林。母子俩来到莲花池畔，看见18棵白牡丹，周围环境安静优美，便定居下来。老母因旅途劳累，病倒了。毛义心急如焚，四处寻药。一天晚上，他梦到仙翁告诉他，母亲的病要煮新茶喝，才能痊愈。醒后他在莲花池边发现那18棵白牡丹竟是18棵白茶树，遂采制茶叶泡茶让母亲喝，母亲的病果然好了。此后，福建一带人称其为"白牡丹茶"。

💗 茶疗养生

艾叶茶

【材料】白牡丹 25g，艾叶 25g，老姜 5g，盐少许。
【做法】将姜洗净，切片，加入艾叶及白牡丹共煎，5分钟后加盐。
【茶疗功效】消炎杀菌，可用于神经性皮炎。

🍵 妙用保健

抗辐射：白牡丹所含的儿茶素有一定的抗辐射作用，适量饮用白牡丹对经常使用电脑的人有一定的保健功效。

防龋坚齿：白牡丹含氟，氟离子与牙齿的钙质结合，形成氟磷灰石，可使牙齿变坚固，有效提高牙齿的抗龋能力。

清心提神：白牡丹茶中所含的儿茶素类及芳香类物质可宁神安心。咖啡因可兴奋神经，对长时间持续工作的人起到提神醒脑的作用。

① 准备

茶荷1个，玻璃杯1个，白牡丹 2 ~ 3g，茶匙1把，茶巾1条等。

② 投茶

用茶匙把茶荷中的茶叶轻轻放入玻璃杯中。

③ 冲泡

先在杯中冲入少量沸水，使茶叶浸润，10秒钟后以高冲法冲入70℃的热水至八分满。

④ 分茶

将泡好的茶汤倒入茶杯中，以七分满为宜。

⑤ 赏茶

茶芽舒展，绿叶托着嫩芽，宛若蓓蕾初放。

⑥ 品茶

细酌慢饮，滋味清醇微甘，茶香飘散。

茶点茶膳

花生酱蛋挞

材料

牛奶1杯，花生酱 1/3杯，鸡蛋2个，白糖1匙，白牡丹茶末、植物油各适量。

制作

❶ 牛奶和花生酱混合，搅匀；将鸡蛋打散搅匀。

❷ 在牛奶和花生酱中加入白糖、茶末、蛋液，拌匀。

❸ 小蒸杯内层涂一层植物油，倒入牛奶蛋液花生酱。

❹ 小蒸杯放入锅中，上气后蒸约15分钟，用叉子插入蛋挞，取出时叉子上没有附着物即成。

口味

酥软可口，营养丰富。

贡眉

抗菌降火　提振精神

　　贡眉产于福建省（台湾地区有少量生产）建阳、福鼎、政和、松溪等县市。贡眉是白茶中产量最高的一个品种，又被称为"寿眉"。贡眉过去以菜茶（也称小茶，是指用种子繁殖的茶树群体，属灌木）为原料，采一芽二三叶，品质次于白牡丹。菜茶的芽小，要求必须含嫩芽、壮芽，不能带有对夹叶。现代制法也采用大白茶的芽叶为原料。贡眉以全萎凋的品质为最好，该茶汤色橙黄或深黄，叶底匀整、柔软、鲜亮，味醇爽，香鲜纯。

性状
叶底匀整、柔软、鲜亮。

汤色
橙黄或深黄。

品鉴指数 ★ ★ ★ ★

口味
滋味醇爽，香气鲜纯。

适宜人群
一般人群都可饮用，特殊禁忌者除外。

主要功效
抗菌，降火，提神。

性状特点
毫心明显，茸毫色白且多，色泽翠绿。

挑选储藏

　　优质贡眉毫心多而肥壮，叶张幼嫩，芽叶连枝，叶态紧卷如眉，匀整，破张少，呈灰绿或墨绿，洁净，无老梗。可将贡眉储藏在新买的暖水瓶中，然后用白蜡封口并裹胶带，置于干燥、阴凉处。

制茶工序

　　贡眉最主要的制作工序是萎凋，其有两个目的：第一是"走水"，即去掉水分（表面问题）；第二是"生化"（内质问题），即通过萎凋，在一定的失水条件下，使茶菁发生一系列生物化学变化，然后再通过烘干、拣剔、烘焙等工序，完成制茶流程。

☕ 评茶论道

在中国民间，百姓们常用"清茶四果"或"三茶六酒"来祭祀天地，期望能得到神灵的保佑。人们把茶看作一种神物，用茶敬神即为最大的虔诚。因此，在中国古老的禅院中，常备有寺院茶，并将最好的茶叶用来供佛。浙江绍兴、宁波等地在供奉神灵和祭祀祖先时，祭桌上除了鸡、鸭、鱼、肉，还要放置9个杯子，其中3杯是茶，6杯是酒。9代表多，象征祭祀隆重、祭品丰富。

♥ 茶疗养生

青陈萝卜茶

【材料】贡眉4g，青皮、陈皮各10g，白萝卜3片。
【做法】将贡眉、青皮、陈皮、白萝卜以沸水浸泡后饮用。
【茶疗功效】可以行气健胃、去痰止呕。

☕ 妙用保健

抗菌：贡眉提取物对青霉菌和酵母菌的繁殖具有抑制效果，因此，贡眉有抗真菌的作用。

降火：贡眉中含有脂多糖、氨基酸等化合物，可清热，有一定的降火功能。

提神：贡眉中的儿茶素类及芳香类物质可宁神。咖啡因可兴奋神经，喝一杯贡眉可使长时间工作的人头脑清醒，起到提神作用。

① 准备

贡眉2～3g，茶荷1个，透明玻璃杯1个，茶匙1把，茶巾1条等。

② 投茶

用茶匙将茶荷中的茶叶拨入玻璃杯中，茶叶如花飘然而下。

③ 冲泡

先向杯中冲入少量沸水浸润茶芽，10秒钟后高冲入水，水温为70～80℃。

④ 分茶

将泡好的茶汤倒入茶杯，稍凉即可饮用。

⑤ 赏茶

茶汤橙黄，清澈洁净，叶底黄绿，茶芽挺立杯中。

⑥ 品茶

茶汤冷热适中时品饮，茶香四溢，滋味清爽甘醇。

茶点茶膳

麦麸土司

材料

麦麸、黄油、糖各30g，高筋面粉210g，低筋面粉80g，老面（由中筋面粉发酵而成）75g，酵母4g，奶粉20g，盐3g，鸡蛋5个，贡眉茶叶、盐各适量。

制作

① 把除黄油外的所有材料放入面包机，20分钟后加入黄油，至面筋扩展后关机；再将面团置于温暖湿润处发酵。

② 将面团取出分成3份，排气滚圆，盖上薄膜松弛15分钟。

③ 将面团分别擀成宽度和土司模等宽的长方形。

④ 翻面后卷成圆筒形，放入模具，置温暖湿润处再发酵；8～9分钟后，盖上盒盖。

⑤ 以180℃预热好烤箱后，放入模具，烤40～45分钟。

口味

入口香甜，茶香宜人。

新工艺白茶

护肝抗癌 抵抗辐射

　　新工艺白茶产于福建福鼎的半条形白叶茶，又称"新白茶"。成茶外形叶张略有缩褶，呈半卷条形，色泽暗绿带褐色，茶汤橙红，滋味浓醇清甘又有闽北乌龙的"馥郁"。该茶对鲜叶的要求同白牡丹一样，一般采用"福鼎大白茶""福鼎大毫茶"等茶树品种的芽叶加工而成，对原料嫩度要求相对较低。新工艺白茶起初是为了适应港澳市场而研制，随着茶文化的传播，现在已远销欧盟及东南亚等多个国家和地区。

性状
色泽青灰带黄，筋脉带红。

汤色
色泽橙红。

品鉴指数 ★★★★

口味
滋味浓厚清甘。

适宜人群
一般人群都可饮用，特殊禁忌者除外。

主要功效
抗辐射，护肝，抗癌。

性状特点
叶张略有缩褶，呈半卷条形，色泽暗绿带褐。

挑选储藏

　　优质新工艺白茶色泽暗绿带褐，香清味浓，汤色味似绿茶但无清香，似红茶但无酵感，味道浓醇清甘。可将新白茶储藏在新买的暖水瓶中，用白蜡封口并裹胶带，置于干燥、阴凉处。

制茶工序

　　新工艺白茶经萎凋、轻揉、干燥、拣剔、过筛、打堆、烘焙、装箱等8道工序制作而成。

　　初制的时候，鲜叶经过萎凋，迅速进入轻度揉捻，再经过干燥工艺，叶张略有缩褶，呈半卷条形，色泽暗绿略带褐色；再经拣剔、过筛、打堆、烘焙后，将成品茶装箱即可。新工艺白茶汤味较浓，汤色也较浓，深受消费者的喜爱。

🍵 评茶论道

我国是茶和茶文化的故乡，各民族对茶都有着深厚的感情。我国少数民族就有婚俗中用茶的习惯，不同的民族有不同的茶婚俗，形成多姿多彩的茶文化。云南的拉祜族，男方去女方家求婚时，必须带一包茶叶、两只茶罐及两套茶具。女方家长则根据男方送来的"求婚茶"质量的优劣，判断男方劳动本领的高低，这也是决定是否将女儿嫁出去的因素之一。

💗 茶疗养生

柿叶山楂茶

【材料】新柿叶 10g，山楂 12g，新工艺白茶 3g。

【做法】在锅中加 250ml 水，放入柿叶、山楂，煮开离火后加入茶叶，晾至温热即可饮用。

【茶疗功效】有助于消化，还能护肝防癌。

☕ 妙用保健

抗辐射：新工艺白茶中的儿茶素具有防辐射的功效，可防御电脑等辐射物质对人体的伤害。

护肝：新工艺白茶含有维生素 K，可促进肝脏合成凝血素，能保护肝脏。

抗癌：新工艺白茶含有多酚类化合物，这类化合物可对参与癌症形成的细胞分子起到一定的抑制作用。

品饮赏鉴

① 准备

茶匙 1 把，新工艺白茶 3g，透明玻璃杯或瓷杯 1 个等。

② 投茶

投茶前先用热水温一下玻璃杯，然后用茶匙将茶叶投入玻璃杯。

③ 冲泡

向杯中注入沸水，到杯身一半时停止注水，待茶叶完全浸透，再慢慢注水至八分满。

④ 分茶

将泡好的白茶倒入茶杯中，以七分满为宜。

⑤ 赏茶

汤色逐渐变得橙红，茶芽徐徐伸展，缕缕茶香沁人心脾。

⑥ 品茶

待茶汤冷热适中的时候可细啜慢品，体会齿颊留香、甘泽润喉的感觉。

茶点茶膳

风味韭菜盒

材料

虾皮 200g，韭菜 500g，炒蛋 150g，面团、食用油、酱油、花椒油、味精、姜末、新工艺白茶末、盐各适量。

制作

① 韭菜洗净，切碎；虾皮、炒蛋切碎；将三者拌匀加酱油、花椒油、味精、姜末、茶末和成馅儿，盐最好包的时候再放，不然容易使韭菜出水。

② 面团揉匀，分割成均匀的剂子，擀成面饼，一侧放入适量馅。

③ 封口，捏花。

④ 锅内放少许食用油，烧热，放入韭菜盒子烙至两面金黄即可。

口味

色泽金黄，味道鲜嫩、清香。

153

春夏养生茶方

春季

茉莉荷叶茶

材料：

绿茶3g，茉莉花3g，干荷叶半张，冰糖适量。

做法：

1. 将干荷叶切成碎片。
2. 将绿茶、茉莉花和干荷叶碎片放入锅中，加适量水煎煮5分钟。
3. 饮用时，可根据个人口味加入冰糖。

用法：

代茶服饮。

功效：

祛除体内的热气，改善春季头痛、胸闷等症。

饮用宜忌

　　荷叶有助于润肠通便，被便秘所困的人常喝茉莉荷叶茶可令大便畅通，对减脂亦有裨益；但因荷叶性寒，经期女性最好不要饮用此茶。

菊花枸杞茶

材料：

杭白菊3g，枸杞子、蜂蜜各适量。

做法：

1. 将茶壶温热，放入杭白菊、枸杞子。
2. 加入热开水，冲泡8分钟左右。
3. 饮用时，可根据个人口味加入适量蜂蜜。

用法：

代茶服饮。

功效：

疏风清热，解毒明目，菊花还可以降低血压。

春季

饮用宜忌

　　菊花枸杞茶适合长期使用电脑的人士饮用。但因菊花性寒，易伤胃，体寒人士多饮此茶会令体内寒气加重，需要注意。

随着人们对养生、保健的重视，茶疗养生日渐成为一种时尚。在饮茶时应根据茶的性质做到科学饮茶，才能起到事半功倍的效果。我们建议大家遵循春饮花茶、夏饮绿茶、秋饮青茶（乌龙茶）、冬饮红茶的规律。

夏季

薄荷绿茶

材料：

干薄荷叶5g，绿茶3g。

做法：

1. 将干薄荷叶切碎。
2. 将绿茶和切碎的薄荷叶放入杯中。
3. 冲入沸水后，静置5分钟即可饮用。

用法：

代茶服饮。

功效：

可解暑，清热解毒，降血脂，降血压，减脂等。

饮用宜忌

薄荷绿茶可以帮助消化，尤其适合吃了油腻食物后饮用。但薄荷中所含的薄荷醇对消化道有刺激作用，对延髓中枢及心脏活动有抑制作用，过量饮用或可中毒。

金银花菊花茶

材料：

金银花5g，菊花6g，冰糖适量。

做法：

1. 将菊花和金银花放入干净的锅中。
2. 加入适量水后，用小火煎煮约5分钟。
3. 根据个人口味加入冰糖即可饮用。

用法：

代茶服饮。

功效：

祛除体内热气，滋养脾脏；夏天中暑者饮用效果极佳。

夏季

饮用宜忌

金银花菊花茶一般冲泡两三次就可以了，不宜久放；夏季温度高，茶水容易变质，久放后喝了可能会导致腹泻。

第六章

健康减脂"美容茶"：
乌龙茶

乌龙茶也称"青茶"，属半发酵茶，是中国茶的代表，由一定成熟度的鲜叶，经萎凋、做青、杀青、揉捻、干燥制作而成。乌龙茶既有红茶的浓鲜味，又有绿茶的清香，茶汤为透明的琥珀色，可谓色、香、味俱全的一种茶。乌龙茶有分解脂肪、减脂瘦身的功效，我们对此早有耳闻，但为何它在日本有"美容茶""健美茶"之美誉？这一赞誉勾起了我们探析的欲望。

安溪铁观音

杀菌固齿 提振精神

安溪铁观音产于福建安溪，是乌龙茶的代表，中国乌龙茶名品，介于绿茶和红茶之间，属半发酵茶，于1919年被引进木栅区试种，分"红心铁观音"和"青心铁观音"两种。茶树3月下旬萌芽，一年分四季采制，谷雨至立夏为春茶，夏至至小暑为夏茶，立秋至处暑为暑茶，秋分至寒露为秋茶。品质以秋茶为最好，春茶次之，夏、暑茶品质较次。铁观音的采制特别，不采幼嫩芽叶，而采成熟新梢的二三叶，俗称"开面采"，指叶片已全部展开，形成驻芽时采摘。

性状
叶片肥厚软亮。

汤色
金黄似琥珀。

品鉴指数 ★★★★★

口味
滋味醇厚甘鲜，
回甘悠长。

适宜人群
一般人群都可饮用，
特殊禁忌者除外。

主要功效
杀菌，固齿，提神。

性状特点
条索肥壮，圆整，
呈蜻蜓头状。

挑选储藏

挑选铁观音时，可将干茶捧在手上对着光线检视，看茶叶颜色是否鲜活，春茶颜色应为翠绿；秋茶则为墨绿，最好有砂绿白霜。如果茶叶灰暗枯黄则为劣品。铁观音储藏时要充分保持干燥，避免与带有异味的物品接触，不要挤压或撞击茶叶。

品种辨识

西坪铁观音
香气浓郁，汤色黄绿、清澈见底，口感酸中有香，香中含酸。

祥华铁观音
茶汤醇厚回甘，口感清甘爽朗，回味绵长。

感德铁观音
茶汤色泽清淡、鲜亮，口感清甘爽朗。

🍵 茶之传说

相传清朝乾隆年间，安溪西坪上尧茶农魏饮制得一手好茶。一天晚上，魏饮梦见观音菩萨引领自己到一处山崖，他发现有一株散发兰花香味的茶树，忍不住上前采摘，却被村中犬吠声惊醒。魏饮心有不甘，第二天向着梦中的地方走去，果然在崖石上发现了那株茶树。魏饮大喜，就将这株茶树挖回家培植。几年后茶树枝叶茂盛。因茶重如铁，又是观音菩萨托梦所得，魏饮就为它取名为"铁观音"。

❤ 茶疗养生

芦甘韭菜茶

【材料】芦荟、甘草、大蒜、韭菜、铁观音茶、醋各适量。

【做法】把芦荟、甘草与醋调匀；将大蒜、韭菜捣烂成糊状；茶叶用水浸泡，捣烂。三者调匀后冲水饮用。

【茶疗功效】芦甘韭菜茶有助于消炎杀菌、止咳平喘。

☕ 妙用保健

杀菌： 铁观音中的茶多酚进入胃肠道后，可缓和肠道运动，又能使细菌的蛋白质凝固，抑制细菌繁殖，甚至令细菌死亡。因此，适量饮用铁观音有杀菌作用。

固齿： 铁观音中的氟化物与牙齿中的钙质相结合，在牙齿表面形成一层保护膜，有坚固牙齿的作用，也可预防龋齿。

提神： 铁观音中的咖啡因可以兴奋神经，令人头脑清醒。适量饮用铁观音可以提神。

品饮赏鉴

❶ 准备

紫砂壶、茶匙、公道杯、品茗杯、闻香杯各 1 个，茶巾 1 条，铁观音适量等。

❷ 投茶

投茶前用沸水冲淋紫砂壶，提高壶温；后用茶匙把铁观音拨入紫砂壶中。

❸ 冲泡

向紫砂壶中注入沸水，使茶叶翻滚。

❹ 分茶

将茶汤依次巡回注入茶杯，以七分满为宜。

❺ 赏茶

把泡开的茶叶放入白瓷碗，铁观音的"绿叶红镶边"尽现眼前。

❻ 品茶

观汤色、闻茶香后，细啜体会茶的真韵，其滋味醇厚鲜爽，回甘悠长。

茶点茶膳

红烧鸡爪

材料

鸡爪 12 个，安溪铁观音茶末 3g，生抽、老抽、盐、辣椒、八角、食用油、葱段、蒜瓣各适量。

制作

❶ 鸡爪洗净后，把鸡爪上的尖趾甲剁掉。

❷ 水中放入生抽、老抽、盐、辣椒、八角，水开后放入鸡爪，以大火煮20分钟后将鸡爪捞出沥干。

❸ 炒锅烧热，放食用油、葱段、蒜瓣、安溪铁观音茶末，把鸡爪放入炒锅中翻炒至入味，夹出鸡爪摆盘。

口味

口感鲜美，茶香宜人。

黄金桂

防衰抗老 防癌提神

黄金桂产于安溪虎邱美庄村。现乌龙茶中发芽最早的品种，又名"黄旦"，以黄旦茶树嫩梢制成，因其汤色金黄、有似桂花的香味，故名"黄金桂"。黄金桂植株属小乔木型，中叶类，早芽种。树枝半开展，分枝较密，节间较短；一年生长期 8 个月，适应性广，抗病虫能力较强，单产较高。成品茶条索紧细，色泽润亮金黄；汤色金黄明亮；香气优雅鲜爽，略带桂花香味；叶底中央黄绿，边缘朱红，素以"一闻香气而知黄旦"著称，古有"未尝天真味，先闻透天香"之誉。

性状
叶底中央黄绿，
边缘朱红。

汤色
金黄透明，茶
底单薄黄绿。

品鉴指数 ★ ★ ★ ★

口味
味道醇细甘鲜。

适宜人群
一般人群都可饮用，
特殊禁忌者除外。

主要功效
抗衰老，提神，抗癌。

性状特点
条索紧细，茶梗细小。

挑选储藏

把优质黄金桂干茶捧在手上对着光线检视，呈条形或球形，茶色鲜活，有砂绿白霜，像青蛙皮。有红边代表发酵适度；有白毫绿叶说明发酵不足，则泡起来带青味，苦涩伤胃。黄金桂要低温干燥储藏，避免和有刺激性气味的物品放在一起。

制茶工序

黄金桂采摘标准为新梢形成驻芽后，顶叶呈小开面或中开面时采下二三叶。将鲜芽采回后就可制作了，其制作工序和铁观音相同，特别注意晒青程度应比铁观音轻，失重掌握 5% ~ 7% 为宜。摇青宜轻，第四次摇青可稍重，经过四至五次摇青、晾青后，可进行炒揉。杀青时间要短，但要炒透。因黄金桂注重香气清纯，特别要求烘焙温度要低，需注意火候。

🍵 评茶论道

现代著名画家丁聪的漫画代表作品《茶馆画旧》共有4幅，分别是《沏开水》《一盅两件》《"吃讲茶"的"英雄"》和《"知音"》。《沏开水》描绘的是四川茶馆的堂倌正在冲水，表现出他高超娴熟的冲水技艺；《一盅两件》是对往日广东早茶场景的真实描绘；《"吃讲茶"的"英雄"》描绘的是旧时上海滩茶楼中的一个场景；《"知音"》一画描绘的是北京茶客和鸟迷们。

💗 茶疗养生

玫瑰乌龙茶

【材料】黄金桂3g，玫瑰花2g。

【做法】将黄金桂及玫瑰花放入茶壶中，用沸水冲泡2分钟即可饮用。

【茶疗功效】有助于活血养颜、和胃养肝。

🍵 妙用保健

抗衰老：黄金桂含有维生素E，其能对抗自由基的破坏，促进人体细胞的再生与活力。

防癌：黄金桂含有一种茶单宁物质，这种物质能够维持人体内细胞的正常代谢，抑制细胞突变和癌细胞分化。

提神：黄金桂中所含的生物碱是一种兴奋剂，能令人体中枢神经系统兴奋，使人头脑清醒，有一定的提神效果。

❶ 准备

紫砂壶1个，茶匙1把，黄金桂7g等。

❷ 投茶

先用温水冲洗紫砂壶，再用茶匙将黄金桂放入紫砂壶中。

❸ 冲泡

用沸水冲泡黄金桂干茶，使其充分浸润。

❹ 分茶

将泡好的黄金桂依次倒入茶杯，以七分满为宜。

❺ 赏茶

汤色逐渐变得金黄透明，茶香扑鼻，如空谷幽兰。

❻ 品茶

第一泡为洗茶，不喝；以第二、三泡香气最佳，待茶汤冷热适中时，可小口慢慢品茗。

茶点茶膳

西湖牛肉羹

材料

瘦牛肉200g，豆腐250g，鸡蛋2个，香菜末、黄金桂茶末、盐、味精各适量。

制作

❶ 把瘦牛肉洗净，剁碎，放入沸水中氽熟，捞出；将豆腐切成丁，香菜洗净，切末；鸡蛋取蛋清备用。

❷ 往锅中倒清水，放入牛肉、豆腐、茶末烧开，调入盐、味精，倒入鸡蛋清、香菜末即可。

口味

香醇润滑，茶香宜人。

武夷大红袍

护胃养胃 养目减脂

武夷大红袍产于福建武夷山，是武夷岩茶中品质最优的一种乌龙茶，素有"茶中状元"之美誉。武夷大红袍茶树生长在武夷山九龙窠高岩峭壁上，上面至今仍保留着 1927 年天心寺和尚所做的"大红袍"石刻。此地日照短，多反射光，昼夜温差大，岩顶终年有细泉浸润，造就了大红袍的特异品质。武夷大红袍属于单枞加工、品质特优的"名枞"，各道工序全部由手工操作，以精湛的工艺制作而成。成品茶香气浓郁，滋味醇厚，饮后齿颊留香，经久不退，冲泡 9 次犹存原茶的桂花香味。

性状
嫩芽略壮，显毫，
深绿带紫。

汤色
橙黄明亮，香气馥
郁，有兰花香。

品鉴指数 ★ ★ ★ ★

口味
味道醇细甘鲜。

适宜人群
一般人群都可饮用，
特殊禁忌者除外。

主要功效
护胃，养目，减脂。

性状特点
外形条索紧结。

挑选储藏

优质武夷大红袍外形肥壮、紧结匀整，为扭曲的条球形，和"蜻蜓头"相似；叶背有蛙皮状的砂粒，就像"蛤蟆背"；色泽绿润带宝色，俗称"砂绿润"。武夷大红袍应储藏于阴凉干燥处，真空包装为佳，还可将其放在温度为 -5℃~5℃ 的冰箱中。

制茶工序

武夷大红袍采摘期在每年春天，要求采摘三至四叶开面新梢。其制作工艺独到，较为复杂，时间较长。传统的工艺有倒（也叫晒）、晾、摇、抖、撞、炒、揉、初焙、簸、捡、复火、分筛、归堆、拼配等 14 道工序。其制作工序关键在于制茶师傅要会"看青做青""看天做青"。武夷大红袍冲泡 9 次仍有余香。

🍵 茶之传说

很久以前，一名穷秀才上京赶考，途径福建武夷山时，病倒在地，幸好被天心庙的老方丈遇到。老方丈见秀才脸色苍白、体瘦腹胀，就为他泡了一碗茶。第二大，秀才的病就好了。秀才进京赶考高中状元，还被皇帝招为驸马。对老方丈的救命之恩，秀才时刻挂在心上，并前来天心庙拜谢恩公。离开时，老方丈给了秀才一些茶叶。回到宫中，恰逢皇后肚疼鼓胀，秀才就为皇后冲泡了方丈送的茶叶，皇后服用后"茶到病除"。从此，大红袍就成了每年进奉皇帝的贡茶。

💛 茶疗养生

荷叶乌龙茶

【材料】武夷大红袍5g，干荷叶5g，陈葫芦1g，橘皮3g。

【做法】将干荷叶、陈葫芦、橘皮研为细末，混入武夷大红袍中，反复冲泡，品饮至茶水清淡为度。

【茶疗功效】荷叶乌龙茶可以瘦身、去油腻。

🍵 妙用保健

护胃：武夷大红袍中的儿茶素对胃黏膜有收敛作用，可调节胃液分泌，对胃有一定的养护作用。

养目：茶武夷大红袍中的胡萝卜素可转化为维生素 A，维生素 A 能防治上皮组织角质变性增殖，防治角膜角质增厚，可养目。

减脂：武夷大红袍所含的肌醇、叶酸、泛酸和芳香类物质等能调节脂肪代谢，对蛋白质和脂肪有很好的分解作用，有一定的减脂功能。

① 准备

紫砂壶、茶匙、开水壶各1把，武夷大红袍适量等。

② 投茶

用沸水浇烫紫砂壶以提高壶温，再用茶匙将大红袍放入紫砂壶中。

③ 冲泡

提高开水壶，向紫砂壶内冲水，使茶叶随水浪翻滚，起到用沸水洗茶的作用。

④ 分茶

将泡好的茶汤倒入茶杯中，边赏边品。

⑤ 赏茶

叶底三分红、七分绿，叶片周边呈暗红色，叶片内部呈绿色，美不胜收。

⑥ 品茶

品饮武夷大红袍茶讲究"头泡汤，二泡茶，三泡、四泡是精华"，宜慢品细啜。

木耳肉片汤

材料

猪瘦肉250g，干黑木耳10g，韭黄5g，淀粉、枸杞子、小油菜、盐各适量，武夷大红袍茶末3g。

制作

❶ 干黑木耳泡开，洗净；猪瘦肉洗净，切片，加盐、淀粉、水拌匀；韭黄洗净，切段；枸杞子、小油菜洗净。

❷ 烧开水，放黑木耳、肉片煮熟；加入韭黄、茶末、枸杞子和小油菜即可。

口味

汤鲜爽口，清香袭人。

铁罗汉

提神解乏 护齿解腻

铁罗汉产于福建武夷山，武夷山四大名枞之一，多为人工种植；其产区主要有两个：名岩产区和丹岩产区。铁罗汉虽然极难种植，但茶农们利用武夷山多悬崖绝壁的特点，在岩凹、石隙、石缝中甚至砌筑石岸种植铁罗汉，当地有"盆栽式"铁罗汉园之称。每年5月中旬开始采摘鲜叶，以二叶或三叶为主，经晒青、晾青、做青、炒青、初揉、复炒、复揉、走水焙、簸拣、摊晾、拣剔、复焙、再簸拣、补火等工序制作而成。

性状
叶底软亮，叶缘朱红，叶心淡绿带黄。

汤色
清澈，呈橙黄色。

品鉴指数 ★ ★ ★ ★

口味
甘馨可口。

适宜人群
一般人群都可饮用，特殊禁忌者除外。

主要功效
提神，护齿，解腻。

性状特点
条形壮结、匀整。

挑选储藏

优质铁罗汉条索壮结，略呈圆曲，色泽青绿油润，有花香；如条索粗松，色泽乌褐，有烟味则为劣质产品。储藏时，要置于清洁、防潮、避光和无异味之地，远离污染源。

妙用保健

提神：铁罗汉所含的咖啡因被人体吸收后，可兴奋神经，令人的感官更为敏锐，使人精神振奋。

护齿：铁罗汉含氟量较高，对护齿、坚齿及预防龋齿有一定的效果。

解腻：铁罗汉茶汤中含有芳香类化合物，它们能刺激唾液分泌，帮助消化肉类等油腻食物。

品饮赏鉴

1 准备

透明玻璃杯1个，铁罗汉茶5g，茶匙1把等。

2 冲泡

将茶叶放入玻璃杯中，冲入沸水，茶叶得到充分浸润，茶芽在橙黄色茶汤中起舞。

3 品茶

1分钟后品饮，滋味浓厚甘醇，带有淡淡的花香。

防癌抗癌 解乏杀菌

白鸡冠产于福建武夷山，武夷山四大名枞之一。茶树枝干坚实，分枝颇多，生长旺盛，叶色淡绿，顶端茶芽微黄且弯垂，毛茸茸的犹如白锦鸡头上的鸡冠，故名"白鸡冠"。相传白鸡冠为宋时止止庵住持白玉蟾所培育，因产量稀少，让人备感神秘。每年5月下旬开始采摘鲜叶，以二叶或三叶为主。成品茶色泽米黄乳白，汤色橙黄清澈，入口齿颊留香，回味绵长。

白鸡冠

乌龙茶

性状
芽叶如鸡冠，叶色淡绿。

汤色
色泽橙黄明亮。

品鉴指数 ★ ★ ★ ★

口味
回甘隽永。

适宜人群
一般人群都可饮用，特殊禁忌者除外。

主要功效
抗癌，解乏，治脚气。

性状特点
条索较紧结，形似鸡冠。

妙用保健

抗癌： 白鸡冠所含的儿茶素能阻断致癌物——亚硝胺的合成，有一定的防癌功效。

解乏： 白鸡冠中的咖啡因可排除人体中过量的乳酸，有助于消除疲劳。

治脚气： 白鸡冠里所含的单宁酸有杀菌作用，对引起脚气的丝状菌有一定的灭杀作用，可辅助治疗脚气病。

挑选储藏

挑选时，可手捧干茶贴近鼻子闻其味，如果香气持续甚至越来越强，证明是好茶；有青气或杂味者为劣质产品。存储时，须密封、低温、干燥，避免和有刺激性气味的物品放在一起。

品饮赏鉴

❶ 准备

透明玻璃杯1个，白鸡冠5g，茶匙1把等。

❷ 冲泡

茶叶置杯中，以沸水冲入，茶叶得到充分浸润，茶芽舒展开来，在橙黄色茶汤中翩翩起舞。

❸ 品茶

1分钟后可品饮；茶汤橙黄明亮，滋味回甘隽永，淡雅花香留在唇齿间。

水金龟

瘦身消积 杀菌消炎

水金龟产于福建武夷山区牛栏坑社葛寨峰下的半崖上，为武夷岩茶四大名枞之一，因茶叶浓密且闪光、犹如金色之龟而得名。水金龟属半发酵茶，有铁观音之甘醇，又有绿茶之清香，其在清末备受茶客推崇，名扬大江南北。水金龟茶树树皮为灰白色，枝条稍微弯曲，叶长圆形。每年5月中旬采摘鲜叶，以二叶或三叶为主，色泽绿里透红，滋味甘甜，香气高扬，浓饮也不见苦涩。

性状
叶底软亮。

汤色
色泽金黄。

口味
味道甘甜，香气高扬。

适宜人群
一般人群都可饮用，特殊禁忌者除外。

主要功效
助消化，瘦身，杀菌。

性状特点
条索肥壮，紧结。

挑选储藏

优质水金龟条索壮结，色泽沙绿乌润或青绿油润，有花香；如条索粗松、轻飘、色泽乌褐，有烟味，则为劣质产品。储藏水金龟时，要清洁、防潮、避光，并保持通风干燥，远离污染源。

妙用保健

助消化： 水金龟含有茶单宁酸成分，可促进胃液分泌，提升胃肠蠕动，有效帮助消化。

瘦身： 水金龟中的咖啡因和茶黄素能促使脂肪分解，转化为人体所需要的热能，达到瘦身的效果。

杀菌： 水金龟中的醇类、醛类、酯类、酚类等有机化合物，可抑制多种病菌繁殖，有杀菌效果。

品饮赏鉴

1 准备

白瓷小杯1个，水金龟2~3g，茶荷1个，茶匙1把等。

2 冲泡

将水金龟从茶荷中取出，放入白瓷杯，然后注入适量沸水，充分浸泡干茶。

3 品茶

待茶汤冷热适中时，可细啜慢品，体会齿颊留香、甘泽润喉的感觉。

防癌抗癌 护齿利尿

武夷肉桂产于福建著名的武夷山风景区，因其香气、滋味似桂皮香，俗称"肉桂"。该茶是将肉桂良种茶树鲜叶，以武夷岩茶的制作方法制成，为岩茶中的高香品种。每年 4 月中旬茶芽萌发，5 月中旬开采岩茶，通常每年可采 4 次，且夏秋茶产量尚高。须在晴天采茶，于新梢顶叶中采摘二三叶，俗称"开面采"。干茶嗅之有甜甜的香味，冲泡后茶汤橙黄清澈，有奶油、花果及桂皮香。

性状
叶底匀亮，呈绿叶红镶边状。

汤色
橙黄清澈。

品鉴指数 ★ ★ ★ ★

口味
回甘隽永。

适宜人群
一般人群都可饮用，特殊禁忌者除外。

主要功效
抗癌，护齿，利尿。

性状特点
条索匀整卷曲，色泽褐禄。

妙用保健

抗癌： 武夷肉桂中的茶多酚是最主要的抗癌物质，其所含多种维生素以及茶叶中的皂素也能起到防癌、抗癌的作用。

护齿： 武夷肉桂中的氟离子与牙齿的钙质结合，能形成一种较难溶于酸的氟磷灰石，可以保护牙齿，使其更坚固。

利尿： 武夷肉桂中的茶多酚被称为"人体器官清洁卫士"，在促进肠道和胃蠕动的同时，也能达到利尿的目的。

挑选储藏

优质武夷肉桂常带有一层极细的白霜，条索紧实扭曲，色泽乌褐或蛙皮青，油亮有细白点。储藏武夷肉桂时，要清洁、防潮、避光，并保持通风干燥，远离污染源。

品饮赏鉴

① 准备

武夷肉桂 2 ~ 3g，透明玻璃杯 1 个，茶荷 1 个，茶匙 1 把等。

② 冲泡

将武夷肉桂从茶荷中取出，放入透明玻璃杯中，然后注入 90℃的热水，充分浸泡干茶。

③ 品茶

待茶汤冷热适中时，小口慢慢品茗，浓而不涩，醇而不淡，回味清甘。

闽北水仙

消肿抗老 防暑清心

  闽北水仙是闽北乌龙茶中两个花色品种之一。水仙品种茶树属半乔木型，枝条粗壮，鲜叶呈椭圆形。春茶于谷雨前后采摘驻芽第三、四叶，每年分四季采制。清光绪年间，闽北水仙畅销国内和东南亚一带，产量曾达 500 吨。1915 年，闽北水仙在首届巴拿马太平洋万国博览会上获得金质奖。现在，闽北水仙占闽北乌龙茶销量十之六七。

性状
叶底柔软，叶缘朱砂红。

汤色
色泽红艳明亮。

品鉴指数 ★★★★

口味
味道醇厚回甘。

适宜人群
一般人群都可饮用，特殊禁忌者除外。

主要功效
消肿，抗老，防暑。

性状特点
条索紧结，叶端扭曲。

挑选储藏

  优质闽北水仙条索紧结，色泽油润，呈暗砂绿，有兰花清香。储藏时，选低温、干燥处存放，避免阳光直射及异味污染。

妙用保健

  消肿：闽北水仙含有生物碱，如咖啡因、茶碱、可可碱、腺嘌呤等，这些物质有消浮肿、解酒精毒害等保健功能。

  抗老：闽北水仙含多种维生素，其中维生素 E 能防衰老，抑制动脉硬化。

  防暑：闽北水仙中的生物碱有调节人体体温、带走皮肤表面热量的作用，在炎热夏季饮用闽北水仙可消暑。

品饮赏鉴

❶ 准备

  茶荷 1 个，闽北水仙茶 3g，紫砂壶 1 个等。

❷ 冲泡

  先用温水冲洗紫砂壶，再将茶荷中的闽北水仙拨入紫砂壶中，向壶中注入热水，温度以 90℃为宜。

❸ 品茶

  细品慢啜，让茶汤从舌尖流转到舌面再到舌根，品尝香味的细微差异。

冻顶乌龙

润颜美肤 降压防癌

冻顶乌龙产于台湾地区鹿谷附近的冻顶山，山多雾，路陡滑，上山采茶都要将脚尖"冻"起来，避免滑下去，所以被称为"冻顶茶"；因产量有限，尤为珍贵。冻顶乌龙一年四季均可采摘，春茶采期从3月下旬至5月下旬，夏茶采摘从5月下旬至8月下旬，秋茶采摘从8月下旬至9月下旬，冬茶采摘则在10月中旬至11月下旬。采摘未开展的一芽二三叶嫩梢，分初制与精制两大工序制作而成。

性状
叶底边缘镶红边。

汤色
蜜绿带金黄。

品鉴指数 ★ ★ ★ ★

口味
味道醇厚。

适宜人群
一般人群都可饮用，特殊禁忌者除外。

主要功效
美肤，降压，防癌。

性状特点
半球状，色泽墨绿，边缘隐有金黄色。

妙用保健

美肤： 冻顶乌龙所含的人体必需的微量元素硒，可预防某些皮肤疾病，让皮肤健康亮丽。

降压： 冻顶乌龙含有茶多酚，能降低血液中胆固醇、甘油三酯及低密度脂蛋白的比例，对防治高血压有一定的帮助。

防癌： 冻顶乌龙含儿茶素，能抑制体内致癌物——亚硝基化合物的形成，起到防癌、抗癌的作用。

挑选储藏

优质冻顶乌龙呈墨绿色，有乌龙茶香气，伴有花香。储藏时，可将其置于干燥、无异味、密封的容器中，放入冷藏柜即可。

品饮赏鉴

1 准备
茶匙1把，冻顶乌龙2~3g，透明玻璃杯或者瓷杯1个等。

2 冲泡
用茶匙将冻顶乌龙轻轻放入玻璃杯中，向杯中注入沸水，充分浸泡干茶。

3 品茶
小口细啜慢饮，方能品茶之韵味，进入茶之境界。

永春佛手

防衰抗老 瘦身止泻

永春佛手主产于福建永春苏坑、玉斗和桂洋等乡镇海拔600~900m的高山处。茶树属大叶型灌木，其树势开展，叶形酷似佛手柑，因此得名"佛手"。当地群峰起伏，山地资源丰富，属亚热带季风气候区，全年雨量充沛，为茶树生长提供了良好环境。茶树品种有红芽佛手与绿芽佛手两种（以春芽颜色区分），以红芽为佳。每年3月下旬萌芽，4月中旬开采，分四季采摘，春茶占40%。

性状
叶肉肥厚，质地柔软。

汤色
色泽橙黄清澈。

品鉴指数 ★★★★

口味
甘馨可口。

适宜人群
一般人群都可饮用，特殊禁忌者除外。

主要功效
抗衰老，瘦身，止泻。

性状特点
条形壮结、匀整。

挑选储藏

优质永春佛手条索紧结，粗壮肥重，色泽砂绿油润，汤色金黄透亮，味道甘醇。储藏时，将其装入防潮性好的薄膜袋并密封，再置于冰箱。

妙用保健

抗衰老： 永春佛手中的茶多酚有抗衰老的功能，适量饮用可以促进人体细胞的再生。

瘦身： 永春佛手含有咖啡因和茶黄素，能促使脂肪分解，转化为人体所需要的热能，达到瘦身的效果。

止泻： 永春佛手含有鞣质类成分，具有抗病菌的作用，可防治腹泻。

品饮赏鉴

1 准备
茶匙1把，永春佛手3g，透明玻璃杯或瓷杯1个，开水壶1个等。

2 冲泡
用茶匙将永春佛手放入玻璃杯，提壶注沸水入杯中，使茶叶转动、露香。

3 品茶
先嗅其香，后尝其味，边啜边嗅，浅杯细饮，味道甘厚，回味绵长。

提神抗菌 保护牙龈

毛蟹茶产于福建安溪福美大丘仑一带，是以品种命名的一种乌龙茶。毛蟹茶树冠形成迅速，成园较快，适应性广，抗逆性强，一年生长期为8个月，易于栽培。采摘时间以中午12时至下午3时较佳，不同的茶采摘部位也不同，有的采一个顶芽和芽旁的第一片叶子，叫一心一叶；有的多采一叶，叫一心二叶，也有一心三叶的。干茶紧结，梗圆形，色泽褐黄绿；汤色青黄或金黄色。

性状
叶底叶张圆小。

汤色
色泽青黄或金黄色。

品鉴指数 ★ ★ ★ ★

口味
味道醇厚，
香气较高。

适宜人群
一般人群都可饮用，
特殊禁忌者除外。

主要功效
提神，抗菌，保护牙龈。

性状特点
外形紧密，砂绿色。

妙用保健

提神：毛蟹茶中的咖啡因具有兴奋神经的作用，可活跃思维，令人精神振奋，头脑清醒。

抗菌：毛蟹茶中的茶多酚和鞣酸作用于细菌，能凝固细菌的蛋白质，具有一定的抗菌作用。

保护牙龈：毛蟹茶含维生素C，适量饮用，能补充维生素C，防止牙龈出血。

挑选储藏

优质毛蟹茶的颗粒手感好、均匀，落入盘中分量感明显。可储藏于有双层盖的马口铁茶叶罐里，最好装满而不留空隙，再将茶罐装入密封袋，封好袋口。

品饮赏鉴

1 准备

茶匙1把，毛蟹茶7g，紫砂壶1个等。

2 冲泡

先用温水冲洗紫砂壶，再用茶匙将毛蟹茶放入紫砂壶中，注入沸水，充分浸泡干茶。

3 品茶

待茶汤冷热适中时，可细啜慢品，齿颊留香，甘泽润喉。

凤凰单枞

提神利尿 去油解腻

凤凰单枞产于广东潮州凤凰山，此处土壤肥沃深厚，含有丰富的有机物质和多种微量元素，有利于茶树的发育。一般在午后采摘，当晚加工，经晒青、晾青、碰青、杀青、揉捻、烘焙等工序，历时 10 小时制成成品茶。现在尚存的 3 000 余株单枞大茶树，树龄均在百年以上，单株高大如榕，品质优良，每株年产干茶 10 余千克。

性状
叶底边缘朱红，叶腹黄亮。

汤色
色泽金黄明亮。

品鉴指数 ★ ★ ★ ★

口味
味浓，微甘，带天然花香。

适宜人群
一般人群都可饮用，特殊禁忌者除外。

主要功效
提神，解腻，利尿。

性状特点
条索紧卷，硕大，呈黑褐色。

挑选储藏

优质凤凰单枞成茶有天然花香，味道浓醇爽口，极耐冲泡。储藏时要清洁、防潮、避光，并保持通风干燥，更要远离污染源。

妙用保健

提神：凤凰单枞中的咖啡因能兴奋中枢神经系统，帮助人们振奋精神、消除疲劳、提高工作效率。

解腻：凤凰单枞含有茶单宁酸成分，有促进胃液分泌和胃肠蠕动的作用，适量饮用，可帮助消化油腻食物。

利尿：凤凰单枞中的咖啡因可起到刺激肾脏的作用，能令尿液快速排出体外。

品饮赏鉴

❶ 准备

凤凰单枞 3g，茶匙 1 把，茶荷 1 个，透明玻璃杯或瓷杯 1 个等。

❷ 冲泡

将茶荷中的凤凰单枞放入杯中，为使茶叶充分吸收水分，显露茶香，应用沸水冲泡。

❸ 品茶

待茶汤冷热适中时，可细啜慢品，让茶汤从舌尖流转到舌面再到舌根，品味茶香。

防癌抗癌 瘦身抗老

石古坪乌龙茶产于广东潮州潮安凤凰镇石古坪，当地海拔多在 1 000m 以上，土层深厚，质地疏松，富含有机质，昼夜温差大，常年云雾缭绕，为茶树提供了良好的生长环境。采摘时采用"骑马式"采茶法，轻采、轻放、勤送。采茶及加工均在夜间进行。采回的鲜叶经晒青、晾青、摇青、静置、杀青、揉捻、焙干等 7 道工序制作而成。成品茶外形油绿细紧；汤色黄绿清澈，叶底嫩绿。

性状
叶底嫩绿。

汤色
色泽黄绿，清澈明亮。

品鉴指数 ★ ★ ★ ★

适宜人群
一般人群都可饮用，特殊禁忌者除外。

口味
味道鲜醇爽口。

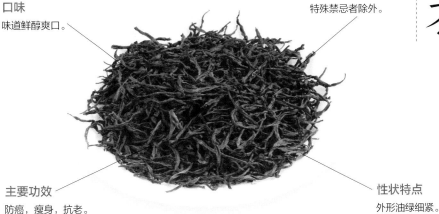

主要功效
防癌，瘦身，抗老。

性状特点
外形油绿细紧。

妙用保健

防癌： 石古坪乌龙茶中的茶多酚能够抑制人体内致癌物——亚硝基化合物的形成，长期饮用有一定的防癌功能。

瘦身： 石古坪乌龙茶中含有咖啡因和茶黄素，能促使脂肪分解，转化为人体所需要的热能，从而达到瘦身的目的。

抗老： 石古坪乌龙茶中含有的茶多酚类物质，能清除氧自由基，具有抗氧化性和生理活性，能促进人体细胞的再生力，长期饮用可抗衰老。

挑选储藏

挑选石古坪乌龙茶时，可手捧干茶贴近闻其味，如果香气持续甚至越来越强，表明是好茶；有青气或杂味者为劣质产品。存储时，须密封、低温、干燥，避免和有刺激性气味的物品放在一起。

品饮赏鉴

❶ 准备

茶匙 1 把，茶荷 1 个，石古坪乌龙茶 2 ~ 3g，透明玻璃杯或瓷杯 1 个等。

❷ 冲泡

将茶荷中的石古坪乌龙茶放入玻璃杯中，注入沸水，使茶叶充分舒展。

❸ 品茶

细酌慢饮，品茶之清爽甘醇；茶香四溢，冲饮多次，茶味不减。

饶平色种

提振精神 解毒通便

饶平色种是条形乌龙茶之一，采摘大叶奇兰、黄棪、铁观音、梅占等品种的芽叶制作而成，主要制作工序有晒青、摇青、炒青、揉捻、烘干等。晒青要求先将采下的鲜叶在场内地面的竹帘上摊晾，然后移到阳光下晒青；将晒青后的叶子移入室内阴凉处，摊于茶帘上，1小时后即可摇青；摇青5~6次后进行炒青、揉捻各1~2次，最后烘焙至足干。

性状
芽叶淡绿，茸毛少。

汤色
色泽橙黄明亮。

品鉴指数 ★★★★

口味
味道醇厚。

适宜人群
一般人群都可饮用，特殊禁忌者除外。

主要功效
提神，解毒，通便。

性状特点
条索卷曲肥壮，呈黑褐色。

妙用保健

提神： 饶平色种中的儿茶素类及其氧化缩和物有类似咖啡因的兴奋神经作用，适量饮用可提神，保持头脑清醒。

解毒： 饶平色种含有茶多酚，可以和一些重金属元素，如铅、锑、汞等发生化学反应，产生沉淀，并通过尿液排出体外，起到一定的解毒作用。

通便： 饶平色种中的茶单宁酸可促进胃肠蠕动，饮后被人体吸收，能通便。

品饮赏鉴

❶ 准备

茶匙1把，茶荷1个，饶平色种2~3g，透明玻璃杯或瓷杯1个等。

❷ 冲泡

将茶荷中的饶平色种轻轻拨入紫砂壶中，向壶中注入沸水。

❸ 品茶

待茶汤冷热适中时，可细啜慢品，口感醇厚，回味清甘。

抵抗辐射 利尿瘦身

产于台湾省台北坪林、石碇、新店、深坑等地的文山包种，是台湾省北部茶类的代表，有"北文山，南冻顶"之说。文山包种属于轻度半发酵乌龙茶，又称"清茶"。坪林多丘陵，温暖潮湿，云雾弥漫，适宜茶树的生长。采摘要求为雨天不采，带露不采，晴天要在上午11时至下午3时采摘。春秋两季采二叶一心的茶菁，采时需用双手弹力平断茶叶，断口成圆形，不可用力挤压断口，否则会影响茶的品质。

性状
叶底色泽鲜绿。

汤色
色泽金黄，清澈明亮。

品鉴指数 ★ ★ ★ ★

口味
味道甘醇鲜爽。

适宜人群
一般人群都可饮用，特殊禁忌者除外。

主要功效
瘦身，防辐射，利尿。

性状特点
条索紧结，自然卷曲，墨绿油光。

妙用保健

瘦身： 文山包种含有茶单宁酸，可促肠蠕动，适量饮用可通便排毒、减脂瘦身。

防辐射： 文山包种中的儿茶素可以防电脑辐射，对长期使用电脑的人有一定保护作用。

利尿： 文山包种中的咖啡因进入人体内，可刺激肾脏，促使尿液迅速地排出体外。

挑选储藏

优质文山包种外形卷曲，呈条索状，色泽深绿；冲泡后汤色金黄，有清新的花香，滋味鲜爽。文山包种储藏时要低温干燥，远离污染环境，避免和有刺激性气味的物品存放在一起。

品饮赏鉴

❶ 准备

文山包种茶3g，茶荷1个，紫砂壶1个等。

❷ 冲泡

先用沸水冲烫紫砂壶，再将茶荷中的文山包种轻轻拨入紫砂壶中，注入沸水充分浸泡茶叶。

❸ 品茶

细啜慢品，甘醇鲜爽，齿颊留香。

木栅栏铁观音

解毒消食 杀菌止痢

木栅栏铁观音是产于台湾省台北木栅区（现在的文山区）的一种中度发酵乌龙茶，当地自然条件得天独厚，茶叶品质优良。鲜叶采摘于正枞铁观音茶树，一年分四季采制，采来的鲜叶力求新鲜完整，然后进行晾青、晒青和摇青（做青），再经筛分、风选、拣剔、匀堆、包装制成成品茶。成品茶卷曲呈球状，绿中带褐，冲泡后汤色橙红，有焦糖香或熟果香，滋味浓厚。

性状
叶底边红腹绿。

汤色
色泽橙红。

品鉴指数 ★ ★ ★ ★

口味
口感醇正，有果香味。

适宜人群
一般人群都可饮用，特殊禁忌者除外。

主要功效
解毒，消食，止痢疾。

性状特点
条形卷曲，呈铜褐色。

挑选储藏

优质木栅栏铁观音茶叶紧结，放入茶壶有"当当"声，且声音清脆；声哑者为劣质茶叶。以密封袋装好后储藏在阴凉、避光或-5℃的冰箱里。

妙用保健

解毒：木栅栏铁观音中的茶多酚可以与一些重金属元素，如铅、锑、汞等发生化学反应，产生沉淀，并通过尿液排出体外，起到一定的解毒作用。

消食：木栅栏铁观音中的茶单宁酸可调节胃液的分泌量，可以帮助消化体内过剩的食物。

止痢疾：木栅栏铁观音中的鞣质类成分有抗病菌的作用，对病菌性痢疾有一定的防治效果。

品饮赏鉴

①　准备

茶荷1个，木栅栏铁观音茶3g，紫砂壶1个等。

②　冲泡

先用沸水冲烫紫砂壶，再将茶荷中的木栅栏铁观音拨入紫砂壶，注入沸水，让茶叶在水中上下翻腾。

③　品茶

趁热细啜，先闻其香，后尝其味，边啜边闻，浅斟细饮，喉底回甘。

防衰抗老 减脂护齿

金萱茶产自台湾省南部嘉义县，在台湾地区被广泛种植，分布在中低海拔处。鲜叶采摘后经晒青、晾青、杀青、揉捻、初烘、饱揉、复烘等7道工序制作而成。金萱茶最大的特征是有一股浓浓的天然"奶香"，带有这种天然奶香的茶很少，因此金萱茶很受年轻人的喜爱。金萱茶汤色甘美光亮，呈清澈的蜜绿色；滋味甘醇浓郁，喉韵甚佳。

金萱茶

性状
芽叶淡绿。

汤色
清澈蜜绿。

品鉴指数 ★★★★

口味
味道香浓醇厚。

适宜人群
一般人群都可饮用，特殊禁忌者除外。

主要功效
防衰老，减脂，护齿。

性状特点
卷曲呈半球状。

妙用保健

防衰老： 金萱茶中的茶多酚，能维持人体内细胞的正常代谢，抑制细胞老化。

减脂： 金萱茶中的咖啡因和茶黄素能促使脂肪分解，转化为人体所需要的热能，进而起到减脂的效果。

护齿： 金萱茶含氟，氟离子与牙齿中的钙质结合，形成较难溶于酸的氟磷灰石，使牙齿变坚固，有效提高抗龋能力，保护牙齿。

挑选储藏

优质金萱茶以手指轻捏会碎，不易捏碎说明已受潮。储藏金萱茶时，要防潮、避光，置于清洁、无异味处，并保持通风状态。

品饮赏鉴

❶ 准备

茶匙1把，金萱茶3g，透明玻璃杯或瓷杯1个等。

❷ 冲泡

将金萱茶放入杯中，冲入沸水，注意要低斟，以免水滴飞溅。

❸ 品茶

味道香醇甘美，奶香怡人。

秋冬养生茶方

秋季

银耳乌龙茶

材料：
乌龙茶3g，银耳4g，湿淀粉少许，冰糖适量。

做法：
1. 将银耳用温水泡发，置锅中，加热水煮熟并捣碎。
2. 加入乌龙茶泡出的茶汁和少许湿淀粉，煮沸后倒入杯中。
3. 根据个人口味加入适量冰糖。

用法：
趁热饮用。

功效：
滋阴润肺，适用于秋季养生保健。

> **饮用宜忌**
>
> 银耳乌龙茶要趁热喝，因为乌龙茶冷后性寒，对肠胃不好。

决明子菊花茶

秋季

材料：
决明子6g，菊花6g，乌龙茶5g。

做法：
1. 将决明子、菊花、乌龙茶一起放入杯中。
2. 倒入沸水，盖上盖，约8分钟后即可饮用。

用法：
趁温热饮。

功效：
降低血脂，改善习惯性便秘，还有一定的降压功效。

> **饮用宜忌**
>
> 决明子菊花茶有安神作用，不过有些神经较敏感的人士夜晚饮用此茶可能会导致失眠。此外，脾胃虚寒及低血压人士不宜饮用此茶。

姜丝红茶

冬季

材料：
红茶4g，生姜3g，甘草3g。

做法：
1. 生姜洗净切丝，放入炒锅炒干。
2. 将炒好的生姜丝、红茶和甘草一起放入杯中。
3. 倒入沸水，浸泡10分钟即可饮用。

用法：
趁热饮用。

功效：
暖胃，可以起到改善胃寒的作用。

饮用宜忌

姜丝红茶可以加快人体新陈代谢，预防感冒，熬夜的人喝了可以振奋精神。暑热感冒或风热感冒者不宜饮用此茶。

核桃山楂茶

冬季

材料：
红茶4g，核桃仁90g，山楂30g，冰糖30g。

做法：
1. 将核桃仁、山楂、红茶放入锅中。
2. 加水，用小火煎煮5分钟左右。
3. 根据个人口味放入适量冰糖即可饮用。

用法：
趁热饮用，并食核桃仁。

功效：
补肾强心、生津止咳，并可预防心血管病、便秘等。

饮用宜忌

因山楂能健脾胃、促消化，所以慢性胃炎患者可以适量饮用此茶。因山楂会破气，促进子宫收缩，孕妇应慎饮此茶。

第七章

馨香宜人&醇厚便携：花茶、紧压茶

　　花茶是我国独特的茶叶品类，是以鲜花和新茶为原料，采用窨制工艺制作而成，实现了茶引花香，花增茶味。紧压茶是以老青茶、黑毛茶等为原料，经渥堆、蒸、压等工序制成的砖形、圆形等形状的茶叶。紧压茶较粗老，色泽黑褐，需要水煮；汤色橙黄或橙红且鞣酸含量高，有利于消化，适合减脂者饮用。喝紧压茶时，蒙古族人习惯加奶，故称"奶茶"；藏族人习惯加酥油，即称"酥油茶"。将花茶和紧压茶合章介绍，是因它们将茶的特性展现得淋漓尽致，也验证了人们常说的"体质不同，茶有所属"。

茉莉花茶

清肝明目 降低血压

茉莉花茶又叫"茉莉香片"，是花茶中的名品。茉莉花茶是将茶叶和茉莉鲜花进行拼和、窨制，使茶叶吸收花香制成的。茉莉花茶使用的茶叶称茶坯，一般以绿茶为多，也有用红茶和乌龙茶的。茉莉花茶的花香是在加工过程中添加的，因此成茶中的茉莉干花大多只是一种点缀，不能以有无干花来判断其品质优劣。茉莉花茶的主要消费人群在我国的东北和华北地区。

性状
叶底嫩匀柔软。

汤色
黄绿明亮。

品鉴指数 ★★★★

口味
滋味醇厚鲜爽。

适宜人群
一般人群都可饮用，特殊禁忌者除外。

主要功效
清肝，降压。

性状特点
条索紧细匀整。

挑选储藏

优质茉莉花茶嫩芽好、条形饱满、白毫多、无叶；低档以叶为主，几乎无嫩芽。茉莉花茶宜密封后置于低温干燥处，避免和有异味的物品放在一起。

妙用保健

清肝： 茉莉花茶中的茶多酚可以与一些重金属元素，如铅、汞等发生化学反应，产生沉淀，并通过尿液排出体外，起到清肝护肝的作用。

降压： 茉莉花茶中富含茶多酚，能降低血液中胆固醇、甘油三酯的比例，对防治高血压有一定效用。

品饮赏鉴

1 准备

茶匙1把，茉莉花茶2~3g，透明玻璃杯或者瓷杯1个等。

2 冲泡

用茶匙将茉莉花茶放入玻璃杯中，备沸水，头泡低注，二泡中斟，三泡高冲，加盖保香。

3 品茶

小口品饮，以口吸气、鼻呼气相配合，使茶汤在舌面上往返流动，充分与味蕾接触。

养胃通便 排毒抗老

桂花茶是以精制茶坯与鲜桂花窨制而成的一种花茶。桂花有金桂、银桂、丹桂、四季桂等品种，其中以金桂香味最为浓郁持久。在桂花盛开期，采摘时要采呈金黄色、含苞初放的花朵，采回的鲜花要及时剔除花梗、树叶等杂物。冬季喝桂花茶可缓解胃部不适，对胃溃疡、胃寒、胃疼等症也有一定的预防作用。

桂花茶

性状
叶底嫩匀柔软。

汤色
色泽金黄明亮。

花茶、紧压茶

品鉴指数 ★ ★ ★ ★

口味
滋味醇和浓厚。

适宜人群
一般人群都可饮用，特殊禁忌者除外。

主要功效
通便，排毒，养胃，抗老。

性状特点
条索紧细匀整，色泽绿润。

妙用保健

养胃通便: 桂花茶中的茶多酚具有促进胃肠蠕动、调节胃液分泌的功效，既能养护肠胃，又能将人体内的废弃物及时地排出体外。

排毒: 桂花茶中的茶多酚可以与一些重金属元素，如铅、锑、汞等发生化学反应，产生沉淀，并通过尿液将其排出体外，减少毒素在人体内的存留时间。

抗老: 桂花茶含有茶多酚类物质，能清除氧自由基，具有一定的抗氧化性和生理活性，具有一定的抗衰老功效。

挑选储藏

优质桂花茶条索紧细匀整，色泽绿润；花色金黄，香气馥郁。储藏桂花茶时，应选低温干燥处，避免强光照射，不和有异味的物品存放在一起。

品饮赏鉴

❶ 准备

茶匙 1 把，桂花茶 3g，透明玻璃杯或者瓷杯 1 个等。

❷ 冲泡

用茶匙将桂花茶放入玻璃杯中，冲入沸水至八分满，冲后立即加盖，以保茶香。

❸ 品茶

细品慢饮，茶香浓厚持久；饮后神清气爽，唇齿留有余香。

玉兰花茶

解毒降压 杀菌消炎

玉兰花茶是以优质五指山春绿茶与优质白玉兰鲜花为原料精心调制成的。其制作方法是将鲜花和经过精制的茶叶拌和，在静止状态下使茶叶缓慢吸收花香，然后筛去花渣，将茶叶烘干而成。玉兰花茶香气鲜浓持久，滋味醇厚，汤色黄明。家庭制作时，可将玉兰花剥瓣，放入盐水中反复清洗后沥干，放入杯中；加沸水，再加入绿茶，待味出即可当茶饮用。

性状
叶底嫩匀柔软。

汤色
浅黄明亮。

品鉴指数 ★★★★

口味
滋味醇厚、回甘。

适宜人群
一般人群都可饮用，特殊禁忌者除外。

主要功效
解毒，降压，杀菌。

性状特点
条索紧细匀整。

挑选储藏

优质玉兰花茶香韵独特、滋味醇厚回甘，以无叶者为上品；一芽一二叶或嫩芽多、芽毫显露者次之。储藏玉兰花茶时，须密封干燥，置阴凉处。

妙用保健

解毒： 玉兰花茶中的茶多酚可与水中一些重金属元素，如铅、锑、汞等发生化学反应，产生沉淀，后通过尿液排出体外，减少毒素在人体内的存留时间。

降压： 玉兰花茶富含茶多酚，适量饮用玉兰花茶有预防高血压的作用。

杀菌： 玉兰花茶中的硫、碘、氯化物等有机化合物，能杀菌消炎。

品饮赏鉴

① **准备**

玉兰花茶 2 ~ 3g，茶匙 1 把，透明玻璃杯或者瓷杯 1 个等。

② **冲泡**

将玉兰花茶投入以热水烫好的玻璃杯中，冲入沸水至八分满，冲后即加盖，以保茶香。

③ **品茶**

滋味醇厚、回甘，细啜慢饮，方能品茶之韵味，进入茶之境界。

解毒消暑　提神除烦

　　金银花又称"忍冬花"。忍冬为半常绿灌木，茎半蔓生，其茎、叶和花皆可入药。鲜金银花经晒干或按制绿茶的方法制干后，即为金银花茶，主要分为两种：一种是鲜金银花与少量绿茶拼和，按花茶窨制工艺制成；另一种是用烘干或晒干的金银花与绿茶拼和而成。金银花茶味甘，性寒，具有清热解毒、疏利咽喉、消暑除烦的作用。

金银花茶

性状
嫩匀柔软。

汤色
黄绿明亮。

品鉴指数 ★ ★ ★ ★

口味
醇厚甘爽。

适宜人群
一般人群都可饮用，
特殊禁忌者除外。

主要功效
解毒，提神，消暑。

性状特点
条索紧细匀直。

妙用保健

　　解毒：金银花茶中的茶多酚可与水中一些重金属元素，如铅、锑、汞等发生化学反应，产生沉淀，通过尿液排出体外，减少毒素在人体内的存留时间。

　　消暑：金银花茶中的生物碱有调节人体体温的作用，在炎热的夏季，饮用一杯热金银花茶，有消暑的作用。

　　提神：金银花茶中的咖啡因是一种兴奋剂，能使人体中枢神经系统兴奋，使人精神振奋。

挑选储藏

　　优质金银花茶外形条索紧细匀直，色泽灰绿光润，香气隽永，汤色黄绿明亮，滋味醇厚甘爽，叶底嫩匀柔软。储藏金银花茶时，要防潮、避光，置于清洁、无异味之处，并保持通风干燥，远离污染源。

品饮赏鉴

❶ 准备

　　金银花茶 2 ~ 3g，茶匙 1 把，透明玻璃杯或者瓷杯 1 个等。

❷ 冲泡

　　用茶匙将金银花茶放入玻璃杯中，备沸水，头泡低注，二泡中斟，三泡高冲。

❸ 品茶

　　茶香飘散，细啜慢咽后更觉醇厚微甜，回味绵长。

珠兰花茶

抵抗辐射 通便减脂

珠兰花茶是以烘青绿茶、珠兰或米兰鲜花为原料窨制而成的，是中国主要花茶产品之一，以香气浓烈持久而著称，畅销国内外。珠兰，也叫珍珠兰、茶兰，为草本状蔓生常绿小灌木，单叶对生，长椭圆形，边缘细锯齿，花无梗，黄白色，有淡雅芳香。珠兰每年4至6月开花，5月为盛花期，故夏季窨制的珠兰花茶最佳。该茶的生产始于清乾隆年间，迄今已有200余年。

性状
叶底黄绿细嫩。

汤色
清澈黄亮。

品鉴指数 ★★★★

口味
浓醇甘爽。

适宜人群
一般人群都可饮用，特殊禁忌者除外。

主要功效
防辐射，通便，减脂。

性状特点
外形条索紧细。

挑选储藏

优质珠兰花茶外形条索肥壮匀齐，色泽深绿光润，花干整枝成朵，内质香气清芳、幽雅高长。储藏珠兰花茶时，要密封、低温、干燥。

妙用保健

防辐射：珠兰花茶中的脂多糖抗辐射效果好，经常受电脑辐射的人群，常饮用此茶，能起到一定的防辐射作用。

通便：珠兰花茶中的茶多酚具有促进胃肠蠕动的功效，被人体吸收后，能达到通便的目的，使人体内的有害物质被及时排出。

减脂：珠兰花茶可提高人体胰脏脂肪分解酵素的活性，降低人体对糖与脂肪的吸收，达到减脂效果。

品饮赏鉴

1 准备

茶匙1把，珠兰花茶2~3g，透明玻璃杯或者瓷杯1个。

2 冲泡

用茶匙将珠兰花茶放入透明玻璃杯中，注入沸水，充分浸润茶芽。

3 品茶

茶叶徐徐沉入杯底，花在水中悬浮，既有兰花的幽雅芳香，又有绿茶的鲜爽甘美。

养颜护肤 清热利尿

玫瑰花茶是用玫瑰花和茶芽混合窨制而成的花茶。玫瑰原名"徘徊花",香气甜美,是红茶窨花的主要原料。玫瑰花富含维生素 A、B 族维生素、维生素 C 及单宁酸,能改善内分泌失调,对消除疲劳和伤口愈合有帮助,长期饮用,有美容护肤的功效。家制玫瑰花茶,可将几枚干玫瑰花配上少许绿茶及几颗红枣,用沸水冲饮。在玫瑰花茶中加入冰糖或蜂蜜,可减轻其涩味。

性状
叶底红润。

汤色
金黄明亮。

品鉴指数 ★★★★

口味
醇和浓厚。

适宜人群
一般人群都可饮用,
特殊禁忌者除外。

主要功效
清热,养颜,利尿。

性状特点
条索紧细匀直。

妙用保健

清热: 玫瑰花茶中含有脂多糖的游离分了、氨基酸、维生素 C 和皂苷化合物,这些物质都具有清热的功能。

养颜: 玫瑰花茶含丰富的维生素 A、B 族维生素等,能调气血,促进血液循环,改善内分泌失调,有一定的养颜功效。

利尿: 玫瑰花茶中的咖啡因可起到刺激肾脏的作用。喝茶后,咖啡因进入体内,刺激肾脏,可促使尿液被迅速排出。

挑选储藏

优质玫瑰花茶较重,且没有梗、碎末等杂质。储藏时,一定要远离污染源,不和有刺激性味道的物品一起存放,此外还要密封、低温、干燥。

品饮赏鉴

❶ 准备

玫瑰花茶 2 ~ 3g,茶匙1 把,透明玻璃杯或者瓷杯 1 个等。

❷ 冲泡

用茶匙将玫瑰花茶放入玻璃杯中,向杯中注入沸水至杯身一半,茶叶浸透后再注满。

❸ 品茶

玫瑰花香郁浓厚,沁人心脾,可依口味加入适量蜂蜜。

普洱方茶

利尿解毒 抗癌减脂

普洱方茶主产于云南西双版纳勐海茶厂和昆明茶厂，以云南大叶种晒青毛茶一、二级为原料，然后蒸压成正方形块状，故称"普洱方茶"；制作时一般都要经过杀青、揉捻、干燥、堆捂等工序。该茶外形平整，白毫显露，香味浓厚甘和。普洱方茶主销云南、北京、上海、广州、西北、东北以及港澳地区。

性状
叶底嫩匀。

汤色
色泽黄明。

品鉴指数 ★ ★ ★ ★

口味
滋味醇厚。

适宜人群
一般人群都可饮用，
特殊禁忌者除外。

主要功效
利尿解毒，抗癌，减脂。

性状特点
外形紧结端正，
模文清晰。

挑选储藏

优质普洱方茶外形紧结端正，模文清晰，色泽墨绿，汤色黄明，叶底嫩匀。以密封袋装好后，置于阴凉、避光处保存，放入 −5℃的冰箱里保存，效果更佳。

妙用保健

利尿解毒： 普洱方茶中的咖啡因可促进肾脏加速排出尿液。此外，咖啡因有助于醒酒，能在一定程度上解除酒毒。

抗癌： 普洱方茶含茶黄素，茶黄素是自由基清除剂和抗氧化剂，具有抗癌的功能。

减脂： 普洱方茶中的黄烷醇类、叶酸和芳香类物质等多种化合物，能促进胃液的分泌，调节脂肪代谢，促使脂肪氧化，消解人体内多余的脂肪。

品饮赏鉴

1 准备

紫砂壶1个，茶刀1把，普洱方茶4~5g 等。

2 冲泡

将普洱方茶放于紫砂壶中，向紫砂壶中注入沸水，加盖充分浸泡干茶。

3 品茶

分3次品饮。先细品茶汤的醇正，后大口品茶汤的浓淡、醇和度，再体会茶之韵味。

利尿养胃 抗菌解毒

米砖茶产于湖北蒲圻（现赤壁市），是以红茶片、末为原料经蒸压而成的红砖茶，其洒面及里身均用茶末，故称"米砖"。米砖茶根据原料和制作工艺的不同，可分为黑砖茶、花砖茶、茯砖茶、米砖茶、青砖茶、康砖茶等。米砖茶又分为特级米砖茶和普通米砖茶。其制作工序为筛分、拼料、压制、退砖、检砖、干燥等。

性状
叶底嫩匀柔软。

汤色
色泽红浓。

品鉴指数 ★ ★ ★ ★

口味
味道醇厚。

适宜人群
一般人群都可饮用，特殊禁忌者除外。

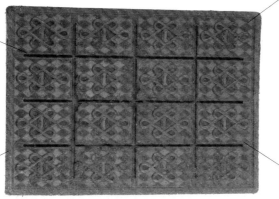

主要功效
利尿，解毒，养胃。

性状特点
砖模棱角分明，纹面图案清晰。

妙用保健

利尿：在米砖茶中的咖啡因和芳香物质联合作用下，肾脏的血流量增加，肾小球过滤率提高，肾微血管扩张，肾小管对水的再吸收被抑制，促成尿量增加。

解毒：米砖茶中的茶多酚能吸附重金属和生物碱，并沉淀分解，具有一定的解毒功效。

养胃：米砖茶是经发酵烘制而成的，其所含的茶多酚在氧化酶的作用下发生酶促氧化反应，能养胃。

挑选储藏

优质米砖茶外形美观，砖模棱角分明，色泽乌润均匀，醇香不含异味，手感紧实圆润，冲泡后颜色鲜红明亮。储藏米砖茶时，要求密封、低温、干燥，杜绝挤压。

品饮赏鉴

❶ 准备

米砖茶3g，紫砂壶1个，赏茶盘一套，茶匙1把，热水壶1个等。

❷ 冲泡

用茶匙将米砖茶投入紫砂壶中，然后注入100℃左右的热水。

❸ 品茶

伴着醉人的香气，小口慢慢吞咽品茗，滋味鲜爽甘甜，回味绵长。

普洱沱茶

护齿养颜 防衰抗老

沱茶是云南茶叶的传统制品，普洱沱茶是一种圆锥窝头状的紧压茶，原产于云南省景谷县，又称"谷茶"。该茶外形紧结，色泽褐红，有独特的陈香，滋味回甘，汤色橙黄明亮，能除脂肪、减体重、健身体、延年寿。饮用时，先将其掰成碎块，每次取约3g，用沸水冲泡5分钟即可；也可将其掰成碎块，放入瓦罐烤香后再用沸水冲泡，冲泡时可加入油、盐、糖等调料。

性状
叶底褐红均匀。

汤色
橙黄明亮。

品鉴指数 ★★★★

口味
醇厚回甘。

适宜人群
一般人群都可饮用，
特殊禁忌者除外。

主要功效
护齿，抗衰老，养颜。

性状特点
外形紧结，
色泽褐红。

挑选储藏

优质普洱沱茶外形紧结，色泽褐红，有独特的陈香，滋味回甘，汤色橙黄明亮。普洱沱茶要通风避光存放，此外，因茶叶具有一定的吸异性，故不能与有异味的物品混放在一起。

妙用保健

护齿：普洱沱茶含有许多生理活性成分，具有杀菌消毒的作用，可以去除口腔异味，保护牙齿。

抗衰老：普洱沱茶含有儿茶素类化合物，长期饮用具有抗衰老的作用。

养颜：普洱沱茶能调节人体新陈代谢，促进血液循环，平衡体内机能，有养颜的功效。

品饮赏鉴

❶ 准备

厚壁紫砂壶1个，特质茶刀1把，普洱沱茶3g等。

❷ 冲泡

普洱沱茶放入紫砂壶中，再注入适量沸水，加盖5秒钟。

❸ 品茶

第一泡不饮，从第二泡开始品茗，滋味醇和爽口；可反复冲泡，至茶味极淡。

抑菌杀菌 护齿抗癌

方包茶产于四川灌县（现都江堰市），因将原料茶筑压在方形篾包中得名，属篓包型炒压黑茶之一。方包茶压制工艺分蒸茶、渥堆、称茶、炒茶、筑包、封包、烧包和晾包等工序。

性状
嫩匀柔软。

汤色
金黄明亮。

方包茶

品鉴指数 ★ ★ ★ ★

口味
味道醇和。

适宜人群
一般人群都可饮用，特殊禁忌者除外。

性状特点
篾包方正，四角稍紧。

主要功效
防龋齿，抗癌，杀菌。

妙用保健

防龋齿： 方包茶中所含的氟元素能预防龋齿。

抗癌： 方包茶中的矿物元素硒能刺激免疫蛋白及抗体的产生，增强人体抵抗力，具有抗癌功效。

杀菌： 方包茶中的茶黄素是自由基清除剂和抗氧化剂，可抑菌、抗病毒。

挑选储藏

优质方包茶油黑有光泽，有明显的松烟香。如中心部位发乌、无光泽、晦暗，则为劣质茶叶。存储方包茶时，要保持干燥，避免强光照射，严禁与有强烈异味或含化学挥发气味类的物品存放一室。

品饮赏鉴

① 准备

紫砂壶1个，茶刀1把，方包茶4~5g，公道杯1个等。

② 冲泡

用茶刀取适量方包茶放入紫砂壶中，再注入沸水，加盖充分浸泡。

③ 品茶

分3次品饮，先细品茶汤的醇正，后大口品茶汤的浓淡、醇和度，再体会茶之韵味。

黑砖茶

减脂瘦身 消食降压

因用黑毛茶作原料，色泽黑润，成品块状如砖，故得名"黑砖茶"。制作时先将原料筛分整形、拣剔提净，再按比例拼配；机压时，先高温气蒸灭菌，再高压定型、检验修整，缓慢干燥，包装成为砖茶成品。黑砖茶属于黑茶，具有消食去腻、减脂瘦身、降压、解酒、暖胃、安神等功效，还有补充膳食营养、抑制动脉硬化等功效。

性状
老嫩尚匀。

汤色
红黄微暗。

口味
滋味浓厚微涩。

适宜人群
一般人群都可饮用，特殊禁忌者除外。

性状特点
砖面端正，四角平整，纹路清晰。

主要功效
减脂，消食，降压。

挑选储藏

优质黑砖茶为长砖形。砖面端正，四角平整，模纹清晰，色泽黑褐，滋味浓厚微涩。存储时，要保持干燥，避免强光照射，不能与有强烈异味或易挥发的物品存放一室。

妙用保健

减脂： 黑砖茶含有大量维生素及纤维化合物，喝茶后，这些成分会停留在腹中，给人饱腹感，让人减少进食，长期饮用可减脂。

消食： 黑砖茶富含膳食纤维，具有调理肠胃的功能；加上益生菌的参与，能改善肠道微生物环境，帮助消化。

降压： 黑砖茶富含多种矿物质元素，其中的钾、钙、镁和锌都有预防高血压的作用。

品饮赏鉴

❶ 准备

紫砂壶1个，茶刀1把，黑砖茶4～5g，公道杯1个等。

❷ 冲泡

用茶刀取适量黑砖茶放入紫砂壶中，再注入沸水，加盖浸泡。

❸ 品茶

细品慢啜方能体会出茶香中所蕴含的至清、至醇、至真、至美的韵味。

抗癌减脂 防衰抗老

花砖茶也称"花卷"，因一卷茶净重合老秤一千两，故又称"千两茶"。压制花砖茶的原料主要是三级黑毛茶，也有少量降档的二级黑毛茶，其总含梗量不超过15%。毛茶进厂后，要经筛分、破碎、拼堆等工序，制成合格的半成品，之后再进行蒸压、烘焙、包装而制成花砖茶成品。

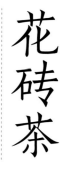

花茶、紧压茶

性状
叶底老嫩匀称。

汤色
色泽红黄。

品鉴指数 ★ ★ ★ ★

口味
浓厚微涩。

适宜人群
一般人群都可饮用，特殊禁忌者除外。

主要功效
抗癌，减脂，防衰抗老。

性状特点
正面边上有花纹，砖面色泽黑褐。

妙用保健

抗癌：花砖茶中含茶多酚，能抑制和阻断体内致癌物——亚硝基化合物的形成。

减脂：花砖茶中的咖啡因、黄烷醇类、叶酸等多种化合物，能调节脂肪代谢，促使脂肪氧化，有减脂功效。

防衰抗老：花砖茶中的茶多酚类物质，能清除人体内的自由基，有很强的抗氧化性和生理活性，可促使人体细胞再生，能防衰抗老。

挑选储藏

优质花砖茶正面边上有花纹，砖面色泽黑褐，内质香气醇正，滋味浓厚微涩，汤色红黄，叶底老嫩匀称。花砖茶适宜存放在通风、避光、干燥、无异味的地方。

品饮赏鉴

①准备

紫砂壶1个，特质茶刀1把，花砖茶5g。

②冲泡

用特质茶刀取花砖茶置入紫砂壶中，向紫砂壶中注入适量的沸水，加盖。

③品茶

分汤洗盏，第一泡不饮；第二泡开始品茗，滋味浓厚微涩；反复冲泡，至茶味极淡。

喝茶有讲究——对症喝茶

强身健体养生茶

杜仲护心绿茶

成分之杜仲：

中国名贵滋补药材，含有木脂素及苷类物质，具有补肝肾、强筋骨、降血压、安胎等功效。

P33

梅子绿茶

成分之青梅：

果大，皮薄，肉厚，核小，汁多，酸度高，富含人体所需的多种氨基酸，具有酸中带甜的香味。

P39

冰镇菠萝柠檬茶

成分之柠檬：

含有大量的果糖、葡萄糖、维生素A、B族维生素、磷、柠檬酸和蛋白酶等，具有解暑止渴、消食止泻之功效。

P105

宁红果汁茶

成分之广柑：

广柑也称"甜橙"，含有蛋白质、粗纤维、胡萝卜素等营养物质，有助于开胃消食、生津止渴、理气化痰。

P109

《本草拾遗》记载："诸药各病之药，茶为万病之药。"茶中的各种有益成分已越来越多地被人们熟知，有些小病轻症，对症喝茶就可以得到有效缓解。

益胃健脾养生茶

木瓜养胃茶

成分之木瓜：

含有木瓜蛋白酶、B族维生素、维生素C、蛋白质、胡萝卜素等，特有的木瓜酵素能清心润肺，还可以帮助消化，治胃病，有"百益果王"之称。

P65

蜂蜜润肠茶

成分之蜂蜜：

主要成分为糖类，其中60%～80%是人体容易吸收的葡萄糖和果糖，主要作为营养滋补品及药用，可润肠解燥，滋养脾胃。

P73

莲子益肾茶

成分之莲子：

含有蛋白质、脂肪、钙、铁、磷等，可清心醒脾，养心安神，健脾补胃，滋补元气。

P79

玫瑰乌梅茶

成分之玫瑰花：

具有理气、活血、调经的功效，对肝胃胀痛、月经不调、赤白带下、跌打损伤等症有一定的辅助疗效。

P101

第八章

养生养颜自制茶

　　花草养生茶源自中医理论，甄选玫瑰花、薰衣草等原生态植物搭配而成，具有排毒养颜、消脂瘦身等功效。饮用时，可依个人口味加入适量冰糖或蜂蜜。花草养生茶是女性美颜保健的首选茶，但例假期间不宜饮用；孕妇慎用；糖尿病、高血压、肾病患者也需慎用。本章在介绍花草茶功效的同时，也对其配方药材做了简述，茶之特性了然于目。爱美女性的美颜佳饮，当属花草茶。

柴胡丹参消脂茶

健脾养胃 消脂瘦身

　　将柴胡、丹参研成粗末，与铁观音茶叶混匀，用开水冲泡，还可以加入北山楂、白芍，每日饮用。柴胡、白芍疏肝理气，抑制脂肪囤积；丹参养血安神；北山楂健脾和胃。常饮此茶，有疏肝健脾、理气化瘀、养胃安神的效果，不仅能消脂瘦身，还对脂肪肝患者有很好的养护作用。

原料赏鉴

 柴胡 ＋ 北山楂

主要功效
　　可疏肝理气，抑制脂肪囤积。

主要功效
　　可健脾养胃，消食减脂。

妙用保健

　　柴胡丹参消脂茶有疏肝理气、健脾养胃、消脂瘦身的功效，可以促进消化系统的健康运作，防止肝部脂肪堆积，维持肝脏正常代谢。

枸杞红枣丽颜茶

补肾益精 养血安神

　　由枸杞子和红枣煎煮而成，饮用时加适量冰糖，有美容养颜的功效。红枣营养丰富，补中益气，养血安神，健脾养胃；枸杞子补肾益精，宁神固本，是日常保养的佳品。此茶是爱美女性的美颜茶，可温补气血，使人面色红润；对那些因经常加班、睡眠不足、电脑辐射而导致的面色晦暗、皮肤粗糙的人士，此茶亦有很好的帮助。

原料赏鉴

 枸杞子 ＋ 红枣

主要功效
　　可以补肾益精，宁神固本。

主要功效
　　可以补中益气，养血安神，健脾养胃。

妙用保健

　　枸杞红枣丽颜茶有补中益气、补血安神、健脾养胃、补肾益精的功效，对爱美的女性来说，它是日常补养、美肤的茶饮佳品。

养血安神　散瘀消肿

　　将花生衣和红枣洗净煎汤当茶饮用，可补血升白。花生衣养血止血，散瘀消肿；红枣性温，味甘，含有多种营养元素，能补气养血、缓和药性。常饮此茶，可以提高人体免疫力，对防治骨质疏松也有很好的效果；此茶特别适合女性，有很好的滋阴养血功能。

原料赏鉴

 花生衣　＋　 红枣

主要功效

　　营养丰富，能养血止血，散瘀消肿。

主要功效

　　能补中益气，养血安神。

妙用保健

　　花生衣红枣养血茶有补中益气、养血安神、散瘀消肿等功效，能提高机体的抗病能力，是适合女性的茶饮佳品。

清热除烦　安神助眠

　　由洛神花和蜂蜜煎煮而成。洛神花含有丰富的蛋白质、有机酸、维生素C、多种氨基酸及多种对人体有益的矿物质，是天然药材之一。对油性皮肤的人来说，洗脸时加入一些洛神花，能抑制油脂分泌。经常饮用洛神花茶，可以让皮肤细嫩润滑；蜂蜜能消除皮肤的色素沉淀，促进上皮组织再生。此茶还能改善睡眠质量。

原料赏鉴

 洛神花　＋　 蜂蜜

主要功效

　　能清热除烦，健胃，助消化，生津止渴。

主要功效

　　补充体力，消除疲劳，增强机体对疾病的抵抗力。

妙用保健

　　洛神花玉肤茶有清热除烦、改善肤质、抗衰老、生津开胃、安神助眠等功效，非常适合女性饮用。

去黑眼圈美目茶

利水消肿　解毒排汗

用赤小豆 10g、丹参 3g 煎煮而成，加入适量红糖即可饮用。赤小豆性平，味甘、酸，能加快毛细血管循环，利水消肿、解毒排汗，对睡眠不足造成的黑眼圈和早起脸浮肿都有明显的改善作用；丹参活血调经、去瘀止痛、养血安神。该茶适用于常常加班熬夜的上班族，可有效促进血液循环，改善眼疲劳。

原料赏鉴

 赤小豆 ＋ 丹参

主要功效
能利水消肿，解毒排汗。

主要功效
可以去瘀止痛，活血通络，益气养血。

妙用保健

去黑眼圈美目茶有利水消肿、解毒排汗、促进眼部毛细血管微循环等功效，对熬夜造成的脸部浮肿、黑眼圈有一定的改善作用。

普洱山楂纤体茶

减脂降压　开胃健脾

取山楂 5g，洛神花 2g，普洱茶 1 匙，用沸水冲泡，放入适量冰糖，待茶叶浓香时，放入 5 朵菊花即可。山楂促消化；洛神花入肝、胃二经，具有开胃健脾、纤体瘦身、抗疲助眠的作用；普洱去油腻。此茶既可瘦身，还可明亮眼睛，润泽肌肤，可谓美颜、瘦身一举两得。

原料赏鉴

 山楂 ＋  普洱茶

主要功效
可开胃消食，健脾，降血压，软化血管。

主要功效
去油解腻，减脂瘦身。

妙用保健

普洱山楂纤体茶有去油解腻、开胃健脾、减脂瘦身、抗疲助眠的功效，是女性朋友拥有完美身材的茶饮佳品。

美容降脂 杀菌消食

用沸水冲泡柠檬和绿茶，并加入柠檬汁而成。柠檬含柠檬酸、苹果酸、维生素C、B族维生素、谷甾醇类、挥发油等营养物质。柠檬所含的有效成分可促进胃中蛋白质分解酶的分泌，增加胃肠蠕动，有助消化吸收；柠檬汁有很强的杀菌作用，并能降血脂。柠檬还可帮助消化，故柠檬茶常被当作餐后茶饮。

原料赏鉴

 柠檬 ＋ 柠檬汁

主要功效
消除皮肤色素沉淀，使肌肤光洁白嫩。

主要功效
杀菌，消食，并能降低血脂。

妙用保健
柠檬清香美白茶有美白嫩肤、开胃消食、提神解乏、降血脂的功效，能对抗和消除皮肤色素沉淀，清新口气，有益口腔健康。

柠檬清香美白茶

自制茶

行气活血 滋阴清火

参须、黄芪搭配枸杞子、当归和红枣，放入清水中煮沸，去渣即可当茶饮用。参须性较平凉，味微苦，滋阴清火，可增强肌肤抵抗力；黄芪素有"小人参"之称，可行气活血，使血液循环通畅。该茶可促进皮肤的新陈代谢，常饮能防止黑色素的沉积，收到洁肤淡斑的功效。

原料赏鉴

 参须 ＋ 黄芪

主要功效
滋阴清火，增强肌肤的抵抗力。

主要功效
有助于行气活血，使血液循环畅通。

妙用保健
参须黄芪抗斑茶有行气活血、滋阴清火、洁肤淡斑等功效，能促进皮肤的新陈代谢，改善女性体内气血微循环，抑制黑色素沉积。

参须黄芪抗斑茶

咖啡乌龙瘦脸茶

去脂瘦脸 提神醒脑

用沸水冲泡乌龙茶，加适量咖啡，稍晾后即可饮用。此茶中，乌龙茶是半发酵茶，富含铁、钙等矿物质，也含有促进消化酶分泌和分解脂肪的成分；饭后喝一杯乌龙茶，能促进脂肪分解；咖啡中的咖啡因和可可碱能提神醒脑，促进消化。两者搭配饮用，有很好的瘦脸功效。

原料赏鉴

 乌龙茶 + 咖啡

主要功效
降低血脂，促进消化和脂肪分解。

主要功效
提神醒脑，利尿强心，促进消化。

妙用保健
咖啡乌龙瘦脸茶有消脂、利尿强心、提神醒脑等功效，通过促进消化、分解脂肪达到瘦脸的效果。

黑芝麻乌发茶

益脑活髓 乌发润发

黑芝麻 50g，核桃仁 20g，白糖适量，黑茶适量。将黑芝麻、核桃仁拍碎，再加入适量糖，用黑茶汁冲服。黑芝麻含有大量的脂肪和蛋白质，还有维生素 A、维生素 E、卵磷脂、钙、铁、铬等营养成分，有乌须发、益脑活髓的功效；核桃仁是上佳的补脑坚果，能促进头部血液循环，还能增强大脑记忆力。

原料赏鉴

 黑芝麻 + 核桃仁

主要功效
有乌须发、益脑活髓的功效。

主要功效
可以促进头部血液循环，增强大脑记忆力。

妙用保健
黑芝麻乌发茶有乌须发、益脑活髓的功效，能促进人体脑部的血液循环，增强记忆力，令头发保持光泽，乌黑亮丽。

抗菌消炎　清热解毒

　　由金银花和菊花搭配连翘煎制而成。金银花可清热解毒，抗菌消炎；菊花有抗癌解毒、消炎利尿、明目醒脑等作用。该茶对内火太盛引起的青春痘有较好的疗效，也适宜饮食偏咸、偏辣或容易生痱子的人饮用。常饮该茶还能改善皮肤状况，但体质虚寒的人不宜饮用。

原料赏鉴

 菊花　＋　 金银花

主要功效
　　可消炎利尿，降压安神。

主要功效
　　可清热解毒，抗菌消炎。

妙用保健

　　双花祛痘茶有清热解毒、防暑降压、抗菌消炎、降压安神、明目醒脑等功效，对因内火过盛或吃辣引起的青春痘有不错的治疗效果。

双花祛痘茶

自制茶

润肠解毒　利水消脂

　　用丹参、绿茶、何首乌和泽泻煎制而成，去渣即可饮用。泽泻含三萜类化合物、挥发油、生物碱、天门冬素树脂等，能够加快人体对尿素和氯化物的排泄；丹参能补充身体所需的各种营养元素；何首乌能解毒，通便。此茶能加速脂肪代谢，阻止脂肪在腰部的堆积。常饮此茶，能令人很好地保持腰部曲线。

原料赏鉴

 何首乌　＋　 泽泻

主要功效
　　解毒截疟，润肠通便。

主要功效
　　可以降压降脂，利尿，防治脂肪肝。

妙用保健

　　丹参泽泻瘦腰茶有补益气血、润肠解毒、利水消脂等功效，能促进人体排出多余水分，抑制脂肪在腰部堆积，塑造完美曲线。

丹参泽泻瘦腰茶

苍术厚朴和胃茶

行气和胃 化湿运脾

　　将苍术、厚朴捣碎后，加一些陈皮、甘草，用纱布包起来，放入保温杯中，再放些生姜和红枣，用沸水冲泡，即可代茶饮用。苍术对胃平滑肌有轻度兴奋作用，可调节胃液分泌，并能增强胃黏膜对胃的保护作用；厚朴主要用于治疗脾胃虚损、脘腹胀满等症。两者合用有增强肠蠕动的作用，对治疗脘腹胀满效果较好。

原料赏鉴

 苍术 + 厚朴

主要功效　　　　　**主要功效**

对除湿运脾　　　行气化湿，
有一定的功效。　　消除胀满。

妙用保健

　　苍术厚朴和胃茶有行气和胃、化湿运脾、消除胀满的功效，可以调节人体的胃肠功能，治疗脾胃虚损。

益母草亮发茶

健脾补肺 乌发亮发

　　由益母草、淮山、红枣、当归、何首乌等材料一起煎煮而成，滤渣取汁即可饮用。淮山供给人体大量的黏蛋白，富含精氨酸、淀粉酶、碘、钙、磷及维生素 C 等，能健脾补肺，固肾益精；何首乌补充头发营养，促进大脑血液循环；益母草改善体内微循环；当归活血养血，润肠通便。常喝此茶可以乌发，养颜。

原料赏鉴

 淮山 + 益母草

主要功效　　　　　**主要功效**

有健脾补肺、固　　　可以调经
肾益精之功效，是健　活血，散瘀止
脑、明目的佳品。　　痛，利水消肿。

妙用保健

　　益母草亮发茶有活血调经、健脾补肺、固肾益精、养血安神的功效，不仅能起到乌发效果，更有美颜、抗衰老的作用。

提神益智 消食化积

　　将迷迭香和山楂放入锅内，加水煮沸，根据个人口味放入适量冰糖，充分搅拌至冰糖溶化，然后加入干柠檬片即可饮用。办公室上班的白领们长时间坐着不动，脂肪在腿上慢慢堆积，常喝山楂迷迭香茶，能减掉腿部多余的水分和脂肪，并能减缓静脉曲张，净化肠胃。

原料赏鉴

 迷迭香　＋　冰糖

主要功效
　　可以促进血液循环，减脂。

主要功效
　　能养阴生津，补中益气。

妙用保健

　　山楂迷迭香茶有提神益智、消食化积、活血散瘀的功效，可促进人体血液循环，防止久坐不动者腿部脂肪的堆积，减缓动脉曲张。

山楂迷迭香茶

清热解毒 增强免疫

　　将绿豆洗净，加入茵陈和适量清水后煮 20 分钟，再加入红糖，关火闷 10 分钟，即可代茶饮用。绿豆富含蛋白质、脂肪、磷脂、胡萝卜素及维生素 B_1 等；茵陈有解热、保肝、抗肿瘤和降压等作用。两者合用能清热解毒，还有助于增强人体免疫力，益寿延年。

原料赏鉴

 绿豆　＋　 茵陈

主要功效
　　可消肿通气，清热解毒。

主要功效
　　可利湿热，护肝利胆。

妙用保健

　　绿豆清凉解毒，利尿明目；茵陈有显著的保肝作用，并有降压降脂、解热平喘的功效。夏季饮用绿豆清毒茶，可达到清毒保肝、增强免疫力的良好功效。

绿豆清毒茶

特别推荐
美味大殿堂——茶膳

绿茶系

瘦肉绿茶汤

材料：

猪瘦肉100克，红萝卜50克，土豆80克，竹叶青茶20克，香菜和盐各适量。

做法：

1. 猪瘦肉在沸水中焯烫后捞起，洗净，沥干后切块。
2. 胡萝卜、土豆分别去皮后洗净，胡萝卜切片，土豆切块；香菜洗净，切段。
3. 以沸水冲泡竹叶青茶，滤出茶汤备用。
4. 将猪瘦肉、胡萝卜、土豆、茶汤放入锅中，大火煮沸后，以小火煮至熟，调入盐，撒入香菜即可。

茶香鳕鱼排

材料：

鳕鱼肉300克，祁门红茶10克，鸡蛋2个，花生油400克，姜汁、干淀粉各20克，料酒、盐、胡椒粉各适量。

做法：

1. 用沸水浸泡祁门红茶，静置2分钟，捞出茶叶切碎后加入打好的鸡蛋液中，搅匀，即为茶叶鸡蛋糊。
2. 鳕鱼肉洗净后切成大小合适的鱼片，用姜汁、料酒、盐、胡椒粉腌渍20分钟。
3. 腌渍好的鳕鱼粘干淀粉，裹茶叶鸡蛋糊后制成鱼排备用。
4. 锅内放花生油，烧至四成热时下鱼排，以小火炸3分钟至金黄色取出，控油后装盘。

红茶系

黑茶系

茶味豆腐

材料：

豆腐300克，普洱散茶10克，花生油、生抽、玉米淀粉、黄豆酱、香葱、香菜、白芝麻各适量。

做法：

1. 豆腐洗净，切块；香菜、香葱分别洗净后切末；普洱散茶以沸水泡开后，取汤备用。
2. 锅内入花生油，油热后放入豆腐块，煎至两面金黄后捞出。
3. 锅底留油，放香葱末和黄豆酱炒香，放入茶汤和煎好的豆腐，加生抽，翻炒均匀后盖上锅盖焖一会儿。
4. 玉米淀粉以水调成糊状，倒入锅内勾芡，大火收汁后撒入香菜末和白芝麻即可。

清香茶叶粥

材料：

霍山黄大茶15g，大米50g，糖适量。

做法：

1. 霍山黄大茶放入水中煮沸，茶汁过滤取出，茶叶留用。
2. 锅中放入清水，加入大米熬煮成粥。
3. 粥中放入茶汁，以小火熬煮，煮沸后加入糖调匀，以茶叶装饰后即可食用。

西红柿茶汤

材料：

西红柿150g，白毫银针茶末5g，盐适量。

做法：

1. 西红柿洗净，用沸水烫后去皮，将其捣碎。
2. 在白毫银针茶末中加入碎西红柿，混匀后置于锅内。
3. 锅中加适量清水，煮沸后加盐即可。

茶香糖醋虾

材料：

大红袍50g，虾250g，米酒、醋各10g，盐、糖、玉米粉、食用油、香油各适量。

做法：

1. 大红袍洗净，放入清水中，加少许盐泡一下，捞出沥干水分备用。
2. 虾剥壳、去肠泥后洗净，沥干水分备用。
3. 锅内加食用油，油热后放虾，炒至虾变红色，加盐、糖、米酒、醋和大红袍后翻炒入味，玉米粉用水调匀后勾薄芡，最后淋上香油即可。

美 食 菜 谱 / 中 医 理 疗

阅读图文之美 / 优享健康生活